学ぶ人は、
変えて
ゆく人だ。

目の前にある問題はもちろん、

人生の問いや、

社会の課題を自ら見つけ、

挑み続けるために、人は学ぶ。

「学び」で、

少しずつ世界は変えてゆける。

いつでも、どこでも、誰でも、

学ぶことができる世の中へ。

旺文社

JN248125

大学入学

共通テスト

実戦対策問題集

岡島 光洋 著

化学基礎

旺文社

はじめに

　新入試の共通テストに対して，どう対処すればよいか不安に思う受験生の方たちに，学習の指針を示す目的で本書は執筆されました。

　本書は，まず **基本問題** で，共通テストの化学基礎に必要な知識と考え方を習得し，その後 **実戦問題** で，共通テストにおける思考問題に対処するための思考力を習得できるようにつくられています。

　基本問題 では，系統的に知識や考え方を身につけられるように，センター試験の過去問を必要に応じて改変，統合し，少ない問題でなるべく網羅的に知識と考え方が学べるように編集しました。知識は，単に教科書の文を目で追うだけでは頭に入りにくいですが，問題を題材として教科書で調べれば，知識の使い方とともに効果的に頭に入れることができます。わからないところは，まず解説を読み，さらに教科書の索引を使って周辺知識を調べ，問題と結び付けて頭に入れていきましょう。

　実戦問題 では，**基本問題** で習得，確認した知識や考え方を使って，共通テストの思考問題が解けるような応用力を養える問題を用意しました。従来のセンター試験では，問題文が短いうえに，問題が教科書で習う順番に並んでいたことから，どの知識を使って解くのかがわかりやすかったのですが，共通テストでは，問題が分野をまたぐ総合問題で，リード文も長いため，題意を把握することが難しいです。本書の **実戦問題** では，これに対応する力をつけるべく，試行調査の問題とともに，今後共通テストに出題されるような形式で，自作の予想問題も多数用意しました。これらの問題を用いて，題意を化学的に読解する練習を行ってください。**基本問題** で習得した知識をどこで使うのかを意識してアタックしてください。

　基礎を固めたのち，1つ1つの **実戦問題** に正面から取り組んでいけば，すべてを解き終わるころには，応用問題も怖くはなくなっているはずです。この問題集と教科書を駆使して化学の知識と思考法を有機的に結び付け，新入試で合格点を勝ち取りましょう。

岡島　光洋

本書の構成と特長

本書は,「大学入学共通テスト　化学基礎」に向けて,考える力を鍛え,問題形式に慣れることができる問題集です。

本冊　問題

■ 問題の構成

段階的に実力を養えるよう,問題を 2 段階の難易度に分類しました。

> **基本問題**……共通テストに備えて,基本事項を確かめるための問題
> **実戦問題**……共通テスト特有の問題形式に慣れるための問題

従来実施されていたセンター試験のときに比べ,共通テストでは,長めの文章を読んだり,複数の図表から情報を得たりして解く問題が多く出題されると予想されます。こうした形式の問題を **実戦問題** に収録しました。一方,基本事項を問う問題は共通テストでも引き続き出題されますし,**実戦問題** を解く上でも,基本事項の理解は不可欠です。このため,**基本問題** で基本事項を確実にしてから,**実戦問題** に取り組むのがよいでしょう。

■ ②分

共通テスト本番での解答目標時間の目安を示しています。この時間以内に解けるようになるよう,問題演習を繰り返しましょう。

別冊　解答

重要事項を確認でき,理解を深められるような,詳しい解説を掲載しました。問題を解いた後は答え合わせをするだけでなく,解説や **POINT** をしっかり読んで理解しましょう。

■ POINT

共通テストの問題に取り組む上で必要不可欠な,重要な知識や解法をまとめています。

■ 参考

問題に関連した追加情報を示しています。

※本書で収録した過去の大学入試問題は,共通テストの対策に最大限の効果を発揮するよう,適宜改題しました。

も く じ

紙面デザイン：内津剛（及川真咲デザイン事務所）

校正：出口明憲，細川啓太郎，田丸葉子

編集協力：遠藤豊　　編集：林聖将

第1章 | 物質の構成

基本問題

1 純物質と混合物

次の (a・b) に当てはまる二つの物質の組合せとして最も適当なものを, 下の①〜⑥のうちから一つずつ選べ。

a 単体と化合物 b 純物質と混合物

① ダイヤモンドと黒鉛
② 塩素と塩化ナトリウム
③ 塩化水素と塩酸
④ メタンとエチレン
⑤ 希硫酸とアンモニア水
⑥ 銑鉄と海水

2 蒸留装置

蒸留を行うために, 次の図のような装置を組み立てたが, **不適切な箇所**がある。その内容を記した文を, 下の①〜⑤のうちから一つ選べ。

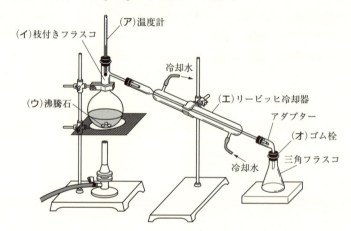

① 温度計 (ア) の球部を, 枝付きフラスコの枝の付け根あたりに合わせている。
② 枝付きフラスコ (イ) に入れる液体の量を, フラスコの半分以下にしている。
③ 沸騰石 (ウ) を, 枝付きフラスコの中に入れている。
④ リービッヒ冷却器 (エ) の冷却水を, 下部から入り上部から出る向きに流している。
⑤ ゴム栓 (オ) で, アダプターと三角フラスコとの間をしっかり密閉している。

3 同素体 1分 ▶ 解答 P.4

同素体に関する記述として**誤りを含むもの**を，次の①〜⑥のうちから一つ選べ。

① 炭素Cの同素体には，電気を通すものがある。
② リンPの同素体には，空気中で自然発火するものがある。
③ 硫黄Sの同素体には，ゴムに似た弾性をもつものがある。
④ 水素 ^1H と重水素 ^2H は，互いに同素体である。
⑤ オゾンと酸素は，互いに同素体である。
⑥ フラーレンやカーボンナノチューブは，ダイヤモンドの同素体である。

4 原子の構造  3分 ▶ 解答 P.5

次の問い（**問1**・**問2**）に答えよ。

問1 次の記述（a・b）に当てはまるものを，それぞれの解答群の①〜⑥のうちから一つずつ選べ。

a 右の図の電子式で表されるAの元素名

① 酸素 ② フッ素 ③ アルミニウム
④ ケイ素 ⑤ リン ⑥ アルゴン

$\cdot \overset{\displaystyle \cdot\cdot}{\underset{\displaystyle \cdot}{\text{A}}} \cdot$

b 銅イオン $^{65}_{29}Cu^{2+}$ に含まれる電子の数

① 27 ② 29 ③ 31 ④ 36 ⑤ 63 ⑥ 65

問2 原子に関する記述として**誤りを含むもの**を，次の①〜⑤のうちから一つ選べ。

① $^{16}_{8}O$ では，陽子の数と中性子の数が等しい。
② $^{12}_{6}C$ と $^{13}_{6}C$ は同じ元素なので，ほとんど同じ化学的性質を示す。
③ 第2周期と第3周期の同族元素間における陽子の数の差は8である。
④ 原子の質量は，原子番号に比例する。
⑤ 多くの元素には，同位体が存在する。

5 電子配置と周期表　　　　　　　　　　　　　　　③分 ▶▶ 解答 P.6

次の問い（**問1**・**問2**）に答えよ。

問1 原子やイオンの電子配置に関連する記述として**誤りを含むもの**を，次の①〜⑥のうちから一つ選べ。

① ナトリウム原子のK殻には，2個の電子が入っている。

② マグネシウム原子のM殻には，2個の電子が入っている。

③ リチウムイオン（Li^+）とヘリウム原子の電子配置は同じである。

④ カルシウムイオン（Ca^{2+}）とアルゴン原子の電子配置は同じである。

⑤ フッ素原子は，6個の価電子をもつ。

⑥ ケイ素原子は，4個の価電子をもつ。

問2 次の図は，典型元素の原子a〜fの電子配置の模式図を示している。a〜fに関する記述として**誤りを含むもの**を，下の①〜⑤のうちから一つ選べ。

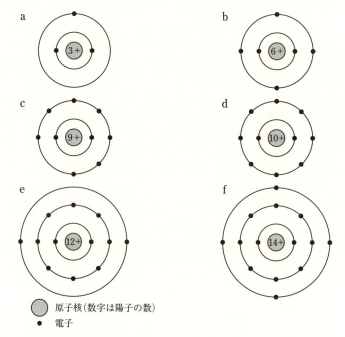

① aはアルカリ金属の原子である。

② bとfは同族元素の原子である。

③ cはa〜fの中で，最もイオン化エネルギーが大きい。

④ eとfは第3周期の原子である。

⑤ eは2価の陽イオンになりやすい。

6 元素と単体

 3 分 ▶▶ 解答 P.8

下線部の語句がそれぞれ元素と単体の意味で使われている組合せとして，最も適当なものを，次の①～⑤のうちから一つ選べ。

	元素	単体
①	水は水素と<u>酸素</u>から構成されている	<u>カルシウム</u>は骨や歯に含まれている
②	水素と<u>窒素</u>からアンモニアを合成することができる	硬水には<u>マグネシウム</u>やカルシウムが多く含まれている
③	窒素，リン，<u>カリウム</u>は植物の生育に欠かせない	<u>窒素</u>の沸点は約 −196℃ である
④	<u>酸素</u>は地殻に多く含まれている	グルコースは<u>炭素</u>，水素，酸素から構成されている
⑤	<u>塩素</u>は標準状態において気体である	水を電気分解すると，<u>酸素</u>と水素が生成する

7 物質の三態

 1 分 ▶▶ 解答 P.9

次の図は，物質の三態の間の状態変化を示したものである。 a ～ c に当てはまる用語の組合せとして最も適当なものを，下の①～⑥のうちから一つ選べ。

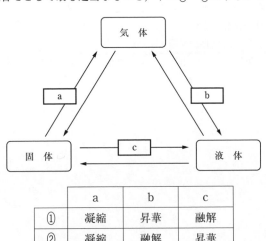

	a	b	c
①	凝縮	昇華	融解
②	凝縮	融解	昇華
③	昇華	凝縮	融解
④	昇華	融解	凝縮
⑤	融解	昇華	凝縮
⑥	融解	凝縮	昇華

8　化学結合

 解答 P.10

化学結合に関する記述として正しいものを，次の①～⑤のうちから**二つ**選べ。

① 陽イオンと陰イオンの静電気的な引力による結び付きを，イオン結合という。

② イオン結合は，主に金属元素の原子間でつくられる。

③ 非金属元素の二つの原子が電子を出し合って生じる結合は，共有結合である。

④ 金属の単体では，単体を構成する原子のすべての電子が常に自由電子としてふるまう。

⑤ アンモニウムイオン NH_4^+ の四つの N–H 結合のうち，一つは配位結合であり，他の三つの結合とは性質が異なる。

9　分子の電子式

 解答 P.10

二つの原子 X と Z からなる分子 XZ の電子式を右に示した。XZ として最も適当なものを，次の①～⑤のうちから一つ選べ。ただし，X と Z は同じ原子であってもよい。

$$:\mathsf{X}::\mathsf{Z}:$$

① HCl　② N_2　③ NO　④ O_2　⑤ F_2

10　電子式と電子対

(3)分 解答 P.11

次の記述（a・b）に当てはまる分子またはイオンとして最も適当なものを，下の①～⑥のうちから一つずつ選べ。ただし，同じものを選んでもよい。

a　非共有電子対が存在しない

b　共有電子対が2組だけ存在する

① H_2O　② OH^-　③ NH_3　④ NH_4^+　⑤ CO_2　⑥ Cl_2

11 極性

4分 ▶▶ 解答 P.11

結合と分子の極性について，次の問い（問1〜3）に答えよ。

問1 炭素原子と他の原子との単結合の極性が最も大きいものを，電気陰性度の差を考えて，次の①〜⑤のうちから一つ選べ。

① C-N ② C-O ③ C-F ④ C-Cl ⑤ C-Br

問2 次の分子ア〜カのうち，分子の構造が三角錐形であるものはどれか。下の①〜⑥のうちから一つずつ選べ。

ア CO_2 イ Cl_2 ウ NH_3 エ H_2 オ H_2O カ CH_4

① ア ② イ ③ ウ ④ エ ⑤ オ ⑥ カ

問3 問2の分子ア〜カには，次の記述（a・b）に当てはまる分子がそれぞれ二つずつある。その分子の組合せとして最も適当なものを，下の①〜⑧のうちから一つずつ選べ。

a　分子内の結合に極性がなく，分子全体としても極性がない。

b　分子内の結合には極性があるが，分子全体としては極性がない。

① アとオ ② アとカ ③ イとウ ④ イとエ
⑤ ウとエ ⑥ ウとオ ⑦ エとオ ⑧ オとカ

12 化学結合と結晶の性質

2分 ▶▶ 解答 P.14

結晶は，化学結合の種類によって右に示す4種に分類される。それぞれの結晶の**性質**と**物質の例**について，右のア〜クに当てはまるものを，次の①〜⑧のうちから重複せずに一つずつ選べ。

	性質	物質の例
共有結合の結晶	ア	オ
イオン結晶	イ	カ
金属結晶	ウ	キ
分子結晶	エ	ク

性質の選択肢

① やわらかく，融点が低い。
② 結晶状態では電気を通さないが，融解液や水溶液は電気を通す。
③ 電気や熱をよく通し，延性や展性に富む。
④ 水に溶けにくく，硬くて融点が極めて高い。

物質の例の選択肢

⑤ カルシウム ⑥ ダイヤモンド ⑦ ヨウ素 ⑧ 塩化ナトリウム

13　物質の溶解性　　　　　　　　　　　　⏱1分 ▶ 解答 P.15

　溶解性について述べた次の記述 a ～ d のうちで，ヨウ素 I_2，塩化ナトリウム NaCl，塩化銀 AgCl のそれぞれに当てはまるものはどれか。最も適当な組合せを，下の①～⑥のうちから一つ選べ。

a　水にはよく溶けるが，ベンゼンにはほとんど溶けない。

b　水にはほとんど溶けないが，ベンゼンにはよく溶ける。

c　水にもベンゼンにもよく溶ける。

d　水にもベンゼンにもほとんど溶けない。

	ヨウ素	塩化ナトリウム	塩化銀
①	b	a	d
②	d	a	d
③	b	a	b
④	d	c	d
⑤	b	c	b
⑥	d	c	b

実戦問題

14 純物質の分離の応用

⏱7分 ▶▶ 解答 P.16

次の文章を読み，下の問い（**問1・問2**）に答えよ。

　海水は ［ ア ］ だが，水は ［ イ ］ である。海水から ［ ウ ］ という方法を用いて水を取り出すことができる。これは，水の蒸発しやすい性質を利用している。<u>［ ア ］ から ［ イ ］ を取り出す操作には，［ ウ ］ 以外にも種々の方法がある。</u>

問1 空欄 ［ ア ］～［ ウ ］ に当てはまる語句の組合せとして最も適当なものを，右の①～⑧のうちから一つ選べ。

	ア	イ	ウ
①	純物質	混合物	ろ過
②	純物質	混合物	再結晶
③	純物質	混合物	蒸留
④	純物質	混合物	昇華
⑤	混合物	純物質	ろ過
⑥	混合物	純物質	再結晶
⑦	混合物	純物質	蒸留
⑧	混合物	純物質	昇華

問2 下線部に関連して，次の**実験1〜4**を行った。下の問い（**a〜c**）に答えよ。

　実験1 塩化ナトリウム，炭酸カルシウム，硝酸カリウムおよびヨウ素の四つの物質が混合した固体がある。この固体をビーカーに入れ，左下の図1のように，水を入れた丸底フラスコを乗せてから砂浴により加熱した。このとき，丸底フラスコの底の外側に物質Aが付着したのでこれを取り出した。

　実験2 実験1終了後，ビーカーに残った固体を取り出し，十分な量の水を加えて，よくかくはんした。その後，右下の図2のような操作を行ったところ，ろ紙に物質Bが付着したのでこれを取り出した。

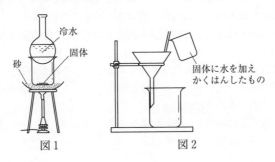

冷水
固体
砂
図1

固体に水を加え
かくはんしたもの
図2

実験3　実験2終了後，得られたろ液を加熱しながら水を蒸発させた。水の量が適量になったところで冷却したところ，物質Cが析出した。続いて**実験2**の操作を再度行うと，ろ紙に物質Cが付着したのでこれを取り出した。

実験4　実験3終了後，ろ液に適当な操作を施し，溶けていた物質Dを取り出した。

a　実験1と実験3で行われた分離法の組合せとして最も適当なものを，右の①〜⑧のうちから一つ選べ。

	実験1	実験3
①	蒸留	再結晶
②	蒸留	クロマトグラフィー
③	分留	再結晶
④	分留	クロマトグラフィー
⑤	昇華	再結晶
⑥	昇華	蒸留
⑦	再結晶	クロマトグラフィー
⑧	再結晶	蒸留

b　物質Aと物質Bの組合せとして最も適当なものを，右の①〜⑧のうちから一つ選べ。

	物質A	物質B
①	塩化ナトリウム	ヨウ素
②	塩化ナトリウム	硝酸カリウム
③	炭酸カルシウム	塩化ナトリウム
④	炭酸カルシウム	ヨウ素
⑤	硝酸カリウム	塩化ナトリウム
⑥	硝酸カリウム	炭酸カルシウム
⑦	ヨウ素	炭酸カルシウム
⑧	ヨウ素	硝酸カリウム

c　**実験3**と**実験4**で取り出した物質Cと物質Dは，それぞれはじめに挙げた4つの物質のいずれかである。これらを区別するためにはどのような実験を行えばよいか。最も適当なものを，次の①〜④のうちから**二つ**選べ。

①　それぞれを水に溶かし，硝酸銀水溶液を加えて，白色沈殿を生じるかどうかを確かめる。

②　それぞれを塩酸に加え，気泡を発するかどうかを確かめる。

③　それぞれをヨウ化カリウム水溶液に溶かし，デンプン水溶液を加えて青紫色に変色するかどうかを確かめる。

④　それぞれを水に溶かし，その水溶液を白金線につけて，バーナーの炎の外側にかざし，炎が何色になるかを確かめる。

（オリジナル）

15 元素の性質と検出法　⏱7分 ▶ 解答 P.18

次の文章を読み，下の問い（**問1**・**問2**）に答えよ。

　昔から，物質を構成する要素として，元素という概念はあった。四元素説などはその例である。19世紀に入ると，すべての物質は ア という微粒子が結びついたものであるという説が発表された。物質は粒子の集合体であるという概念が生まれたのである。以降，元素とは，化学的性質で区別した ア の種類と定義されるようになった。

　キュリー夫人が活躍した19世紀末〜20世紀初期の時点では，新元素発見の完全な証左として，その元素のみからなる物質である イ を取り出す必要があった。彼女が1898年に発見したラジウムという元素は，イオン化傾向が非常に大きいため，天然に イ ではなく ウ の形でしか存在しない。ラジウムを含む ウ からラジウムの イ を取り出す実験は困難を極めた。電気化学的手法が発達した1910年，水銀とラジウムの合金を得た後に水銀を蒸発させる方法で，ようやく純粋なラジウムの イ が取り出された。

問1　空欄 ア 〜 ウ に当てはまる語句の組合せとして最も適当なものを，右の①〜⑧のうちから一つ選べ。

	ア	イ	ウ
①	原子	単体	同素体
②	原子	化合物	単体
③	原子	単体	化合物
④	原子	化合物	同位体
⑤	単体	原子	同素体
⑥	単体	化合物	原子
⑦	単体	原子	化合物
⑧	単体	化合物	同位体

問2　ある化合物XとYに含まれる元素を調べるために，次の**実験1〜4**を行った。実験によって存在が確認された元素のうち，酸素以外の元素を，次ページの①〜⑧のうちからそれぞれ**二つずつ**選べ。

実験1　X，Yをそれぞれ水に加えると，いずれもよく溶けた。生じたXの水溶液とYの水溶液を混合すると，白色の沈殿が生じた。

実験2　Xの炎色反応は黄色，Yの炎色反応は橙色だった。

実験3　Xの水溶液に塩酸を加えると，気体が発生した。この気体を石灰水に吹き込むと，白濁が生じた。

実験4　Yの水溶液に硝酸銀水溶液を加えると，白色の沈殿が生じた。

① 周期表第3周期で，価電子を2個もつ元素

② 下の図で示す電子配置をもつ元素

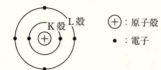

　　　K殻　L殻　　⊕：原子核

　　　　　　　　　●：電子

③ 周期表第2周期で，価電子を5個もつ元素

④ 周期表で，原子番号3の元素と同族である第3周期の元素

⑤ 1価の陰イオンになると，ネオンと同じ電子配置になる元素

⑥ 周期表第3周期の元素の中で，最も電気陰性度が大きな元素

⑦ 周期表第4周期の元素の中で，最もイオン化エネルギーが小さな元素

⑧ 2価の陽イオンになると，アルゴンと同じ電子配置になる元素

（オリジナル）

16 結晶の性質

⏱5分 ▶ 解答 P.19

下の問い（問1・問2）に答えよ。

問1 次の文章を読み，空欄 ア ～ エ に当てはまる語句として最も適当なものを，下の①～⑤のうちからそれぞれ一つずつ選べ。

構成粒子が，一定の構造を繰り返して結び付くことによりなる固体を結晶という。結晶には，共有結合の結晶，イオン結晶，金属結晶，分子結晶の四種類がある。共有結合の結晶や分子結晶は， ア 元素の原子のみからなる物質であり，イオン結晶は， ア 元素と イ 元素の原子が結びついた物質である（アンモニウム塩を例外とする）。

この四種類の結晶は，それぞれ特徴的な性質をもっている。たとえば，ダイヤモンドはたたいても割れにくいが，ドライアイスはたたけば簡単に割れる。これは，前者が ウ 結晶なのに対し，後者は エ 結晶だからである。

① 金属　② 非金属　③ イオン　④ 分子　⑤ 共有結合の

問2 次の文章は，郷留戸君（ゴールド）と愛杏さん（アイアン）が，ハイキングの最中に，山中で金色に輝く石を見つけたときの会話である。この文章を読み，下の問い（a～c）に答えよ。

郷留戸君：この色と輝きは金じゃないのか？

愛杏さん：どうせ黄鉄鉱でしょ。

郷留戸君：黄鉄鉱って何？

愛杏さん：(オ)鉄という元素と硫黄という元素の原子が結びついてできた化合物よ。

郷留戸君：じゃあ調べてみようよ。どんな実験をすればわかるかな？

愛杏さん：(カ)電気伝導性を正確に測定できればいいけど，機器がないからここでは無理ね。

郷留戸君：じゃあハンマーでたたいてみたらどうだい？　もしも キ のなら金だし， ク のなら黄鉄鉱だね。

a 下線部（オ）から，黄鉄鉱の結晶の種類は何であると推定されるか。最も適当なものを，次の①～④のうちから一つ選べ。
① 共有結合の結晶　② イオン結晶　③ 金属結晶　④ 分子結晶

b 下線部（カ）について，a で選択した結晶が一般的に示す性質として最も適当なものを，次の①～④のうちから**二つ**選べ。
① 固体は電気を導かない
② 固体は電気を導く
③ 融点以上の温度に加熱した液体は，電気を導かない
④ 融点以上の温度に加熱した液体は，電気を導く

c 空欄 キ , ク に当てはまるものを，次の①～④のうちからそれぞれ一つ
ずつ選べ。

① 割れる

② 割れずに変形する

③ 弾力性を示す

④ 一度変形するが，しばらく経つと元の形に戻る

（オリジナル）

第2章 物質量と濃度，酸・塩基

基本問題

17 原子量の算出
⏱2分 ▶ 解答 P.20

カリウムは，原子量が 39.10 であり，^{39}K（相対質量 38.96）と ^{41}K（相対質量 40.96）の二つの同位体が自然界で大部分を占めている。これら以外の同位体は無視できるものとすると，^{41}K の存在比は何％か。最も適当な数値を，次の①〜⑧のうちから一つ選べ。

① 1.0　② 5.0　③ 7.0　④ 49
⑤ 51　⑥ 93　⑦ 95　⑧ 99

18 モル質量
⏱2分 ▶ 解答 P.21

モル質量〔g/mol〕の値が最も大きい物質を，次の①〜⑥のうちから一つ選べ。なお，原子量は O=16，Mg=24，Al=27，P=31，S=32，Cl=35.5，Ca=40，Fe=56，I=127 とする。

① 二酸化硫黄　　② 単体のヨウ素　　③ 鉄
④ 塩化マグネシウム　⑤ 硫酸アルミニウム　⑥ リン酸カルシウム

19 物質量の算出
⏱4分 ▶ 解答 P.22

次の問い（問1・問2）に答えよ。なお，原子量は H=1.0，C=12，O=16，Na=23，Mg=24，Cl=35.5，Ar=40，Fe=56，アボガドロ定数は $6.0×10^{23}$/mol とし，標準状態（0℃，$1.013×10^5$ Pa）における気体のモル体積は 22.4 L/mol とする。

問1 物質量〔mol〕の値が最も大きいものを，次の①〜⑥のうちから一つ選べ。

① 27 g の水　　② 42 g の鉄　　③ 95 g の塩化マグネシウム
④ 標準状態で 44.8 L のアルゴン　⑤ $5.4×10^{23}$ 個の二酸化炭素分子
⑥ 2.0 mol/L 塩化ナトリウム水溶液 800 mL をつくるのに必要な塩化ナトリウム

問2 下線部の数値が最も大きいものを，次の①〜⑥のうちから一つ選べ。

① 標準状態のアンモニア 22.4 L に含まれる水素原子の数
② 水素原子 10 mol を含むメタンの分子数
③ ヘリウム 1.2 mol に含まれる電子の数
④ 1.0 mol/L 塩化カルシウム水溶液 2.0 L 中に含まれる塩化物イオンの数
⑤ 黒鉛（グラファイト）42 g に含まれる炭素原子の数
⑥ 酸素原子 $4.8×10^{24}$ 個を含む硫酸分子の数

20　物質量を仲立ちとする計算　⏱8分 ▶▶ 解答 P.24

次の問い (**問1〜5**) に答えよ。なお, 原子量は H＝1.0, C＝12, N＝14, O＝16, S＝32, Ar＝40, アボガドロ定数は $6.0×10^{23}$/mol とし, 標準状態 (0℃, $1.013×10^5$ Pa) における気体のモル体積は 22.4 L/mol とする。

問1　純粋なエタノール C_2H_5OH 9.2 g 中に含まれる分子数は何個か。最も適当な数値を, 次の①〜⑥のうちから一つ選べ。

①　$1.2×10^{23}$　　②　$1.7×10^{23}$　　③　$2.1×10^{24}$

④　$3.0×10^{24}$　　⑤　$1.8×10^{26}$　　⑥　$2.5×10^{26}$

問2　標準状態において気体 1 g の体積が最も大きい物質を, 次の①〜④のうちから一つ選べ。

①　O_2　　②　CH_4　　③　NO　　④　H_2S

問3　標準状態において 6.72 L の塩化水素 HCl を, 水に溶かして 6.0 L に薄めた。生じた塩酸の濃度は何 mol/L か。最も適当な数値を, 次の①〜⑥のうちから一つ選べ。

①　$5.0×10^{-2}$　　②　$1.0×10^{-1}$　　③　$2.0×10^{-1}$

④　$5.0×10^{-1}$　　⑤　1.8　　⑥　$2.0×10$

問4　分子量 M の物質 1 g 中の分子の個数を N としたとき, 分子量 18 の物質 100 g 中にある分子の個数を表す式として最も適当なものを, 次の①〜⑥のうちから一つ選べ。

①　$\dfrac{100N}{18M}$　　②　$\dfrac{100M}{18N}$　　③　$\dfrac{100MN}{18}$

④　$\dfrac{18N}{100M}$　　⑤　$\dfrac{18M}{100N}$　　⑥　$\dfrac{18MN}{100}$

問5　同じ温度・圧力において質量が最も大きい気体はどれか。次の①〜⑤のうちから一つ選べ。

①　1.0 L のアルゴン　　②　1.0 L の二酸化炭素　　③　3.0 L の水素

④　3.0 L のメタン　　⑤　3.0 L のアンモニア

21　化学式と物質量　⏱2分 ▶▶ 解答 P.26

原子量 48 の元素 X が, 酸素と結び付いた酸化物 A がある。A 3.20 g を還元すると, 単体の X が 1.92 g 得られた。A の組成式として正しいものを, 次の①〜⑥のうちから一つ選べ。なお, 原子量は O＝16 とする。

①　X_2O　　②　XO　　③　X_2O_3　　④　XO_2　　⑤　X_2O_5　　⑥　XO_3

22 化学反応式と反応量 ⏱3分 ▶▶ 解答 P.26

次の問い（**問1・問2**）に答えよ。

問1 次の化学反応式の係数（$a \sim c$）の組合せとして正しいものを，下の①～⑧のうちから一つ選べ。

$$C_2H_4O_2 + a\ O_2 \longrightarrow b\ CO_2 + c\ H_2O$$

	a	b	c
①	2	1	2
②	2	1	4
③	2	2	2
④	2	2	4
⑤	3	1	2
⑥	3	1	4
⑦	3	2	2
⑧	3	2	4

問2 2 mol のプロパン C_3H_8 を完全燃焼させた。このとき，a mol の酸素が消費され，b mol の二酸化炭素と c mol の水が生成した。数値（$a \sim c$）の組合せとして最も適当なものを，次の①～⑥のうちから一つ選べ。

	a	b	c
①	10	6	8
②	20	6	8
③	10	6	16
④	20	12	8
⑤	10	12	16
⑥	20	12	16

23　沈殿生成反応の反応量

⏱3分 ▶▶ 解答 P.28

　0.19 g の塩化マグネシウムが溶けた水溶液に，0.10 mol/L の硝酸銀 $AgNO_3$ 水溶液を加えていくと，白色の沈殿が生成した。このとき加えた硝酸銀水溶液の体積〔mL〕と，生じた沈殿の質量〔g〕との関係は，次の図のようになった。図中の点 a の数値を表す x〔g〕と y〔mL〕の値に最も近い数値を，下の①〜⑧のうちからそれぞれ一つずつ選べ。なお，$MgCl_2$ と $AgCl$ の式量はそれぞれ 95，144 とする。

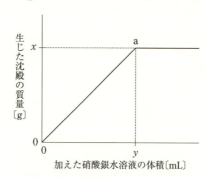

縦軸：生じた沈殿の質量〔g〕
横軸：加えた硝酸銀水溶液の体積〔mL〕

① 0.14　　② 0.29　　③ 0.58　　④ 1.4
⑤ 5.0　　⑥ 10　　⑦ 20　　⑧ 40

24　気体発生反応の反応量

⏱2分 ▶▶ 解答 P.29

　十分な量の水にナトリウムを加えたところ，次の反応により水素が発生した。

　　$2Na + 2H_2O \longrightarrow 2NaOH + H_2$

　反応したナトリウムの質量と発生した水素の物質量の関係を表す直線として最も適当なものを，次の図に示した①〜④のうちから一つ選べ。なお，原子量は Na＝23 とする。

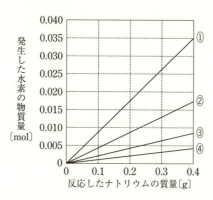

縦軸：発生した水素の物質量〔mol〕
横軸：反応したナトリウムの質量〔g〕

25 溶液の調製　　　　　　　　　　　　　　　　②分 ▶▶ 解答 P.30

　ある物質の水溶液をホールピペットではかり取り，メスフラスコに移して，定められた濃度に純水で希釈したい。次の問い（**a**・**b**）に答えよ。

a　ホールピペットの図として正しいものを，次の①〜⑤のうちから一つ選べ。

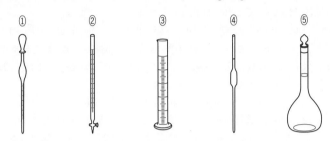

① ② ③ ④ ⑤

b　このとき行う**操作1**・**操作2**の組合せとして最も適当なものを，下の①〜④のうちから一つ選べ。

操作1

　A　ホールピペットは，洗浄後，内部を純水ですすぎそのまま用いる。

　B　ホールピペットは，洗浄後，内部をはかり取る水溶液ですすぎそのまま用いる。

操作2

　C　純水は，液面の上端がメスフラスコの標線に達するまで加える。

　D　純水は，液面の底面がメスフラスコの標線に達するまで加える。

	操作1	操作2
①	A	C
②	A	D
③	B	C
④	B	D

26　溶液の濃度　⏱(10)分 ▶▶ 解答 P.32

次の問い（**問1～3**）に答えよ。

問1　水酸化ナトリウム 4.0 g を水に溶解して 400 mL の水溶液をつくった。この溶液の濃度は何 mol/L か。最も適当な数値を，次の①～⑥のうちから一つ選べ。なお，原子量は H＝1.0, O＝16, Na＝23 とする。

① 0.025　② 0.050　③ 0.10　④ 0.25　⑤ 0.50　⑥ 1.0

問2　質量パーセント濃度が 20 % の硝酸カリウム KNO_3 水溶液のモル濃度は何 mol/L か。最も適当な数値を，次の①～⑥のうちから一つ選べ。なお，KNO_3 の式量は 101 とし，溶液の密度は 1.1 g/cm³ とする。

① 0.20　② 0.22　③ 1.0　④ 1.1　⑤ 2.0　⑥ 2.2

問3　密度 1.14 g/cm³，質量パーセント濃度 32.0 % の塩酸 10.0 mL を純水で希釈して 500 mL にした。この水溶液のモル濃度は何 mol/L か。最も適当な数値を，次の①～⑥のうちから一つ選べ。なお，HCl の分子量は 36.5 とする。

① 0.0175　② 0.0200　③ 0.100　④ 0.175　⑤ 0.200
⑥ 0.640

27　ブレンステッドの定義　⏱(1)分 ▶▶ 解答 P.34

次の**反応1**および**反応2**で，下線を付した分子およびイオン（（ア）～（エ））のうち，酸としてはたらくものの組合せとして最も適当なものを，下の①～⑥のうちから一つ選べ。

反応1　CH_3COOH ＋ (ア)$\underline{H_2O}$ ⇌ CH_3COO^- ＋ (イ)$\underline{H_3O^+}$
反応2　NH_3 ＋ (ウ)$\underline{H_2O}$ ⇌ NH_4^+ ＋ (エ)$\underline{OH^-}$

① （ア）と（イ）　② （ア）と（ウ）　③ （ア）と（エ）
④ （イ）と（ウ）　⑤ （イ）と（エ）　⑥ （ウ）と（エ）

28　酸・塩基と塩の分類　⏱(1)分 ▶▶ 解答 P.35

酸・塩基と塩の分類に関する記述として**誤りを含むもの**を，次の①～⑥のうちから一つ選べ。

① アンモニアは，1価の弱塩基である。
② 水酸化カリウムは，1価の強塩基である。
③ 硫酸は，2価の強酸である。
④ 硫酸水素ナトリウムは，酸性塩である。
⑤ 炭酸水素ナトリウムは，水に溶けて酸性を示す。
⑥ 炭酸ナトリウムは，正塩である。

29 塩の液性 解答 P.36

次の塩ア～カには，下の記述（a・b）に当てはまる塩が二つずつある。その塩の組合せとして最も適当なものを，下の①～⑧のうちから一つずつ選べ。

ア CH₃COONa イ KCl ウ Na₂CO₃
エ NH₄Cl オ CaCl₂ カ (NH₄)₂SO₄
a 水に溶かしたとき，水溶液が酸性を示すもの
b 水に溶かしたとき，水溶液が塩基性を示すもの
① アとウ ② アとオ ③ イとウ ④ イとエ
⑤ ウとカ ⑥ エとオ ⑦ エとカ ⑧ オとカ

30 pH  解答 P.37

次の問い（**問1・問2**）に答えよ。必要であれば，水素イオン濃度 $[H^+]$，水酸化物イオン濃度 $[OH^-]$ と pH の関係を示す以下の表を使うこと。

$[H^+]$*	10^0	10^{-1}	10^{-2}	10^{-3}	10^{-4}	10^{-5}	10^{-6}	10^{-7}	10^{-8}	10^{-9}	10^{-10}	10^{-11}	10^{-12}	10^{-13}	10^{-14}
$[OH^-]$*	10^{-14}	10^{-13}	10^{-12}	10^{-11}	10^{-10}	10^{-9}	10^{-8}	10^{-7}	10^{-6}	10^{-5}	10^{-4}	10^{-3}	10^{-2}	10^{-1}	10^0
pH	0	1	2	3	4	5	6	7	8	9	10	11	12	13	14

* $[H^+]$ と $[OH^-]$ の単位は，いずれも mol/L である。

問1 pH に関する記述として正しいものを，次の①～⑥のうちから一つ選べ。
① pH が大きい水溶液ほど，酸性が強い。
② pH＝3.0 の塩酸を純水で 10 倍の体積に希釈すると，pH は 2.0 になる。
③ pH＝5.0 の塩酸を純水で 1000 倍の体積に希釈すると，pH は 8.0 になる。
④ $[H^+] = 1.0 \times 10^x$ mol/L のとき，pH は x である。
⑤ 0.010 mol/L の塩酸と 0.010 mol/L の硫酸の水素イオン濃度は等しい。
⑥ $[H^+]$ と $[OH^-]$ が等しい水溶液は，中性である。

問2 次の記述（a・b）について最も適当な数値を，下の①～⑧のうちからそれぞれ一つずつ選べ。
a 0.050 mol/L の塩酸 20 mL を純水で希釈して 100 mL としたときの，水溶液の pH
b 0.020 mol/L の塩酸 50 mL に，0.040 mol/L の水酸化ナトリウム水溶液 50 mL を加えて 100 mL としたときの，水溶液の pH
① 1 ② 2 ③ 3 ④ 4 ⑤ 10 ⑥ 11 ⑦ 12 ⑧ 13

31　中和滴定と滴定曲線　　　　　　　　　　⏱5分 ▶▶ 解答 P.39

次の問い（**問1・問2**）に答えよ。必要であれば，前問 **30** で与えた表を使うこと。

問1　濃度が不明の n 価の酸の水溶液 x〔mL〕を，濃度が c〔mol/L〕で m 価の塩基の水溶液を用いて過不足なく中和するには y〔mL〕を要した。この酸の水溶液の濃度〔mol/L〕を求める式として最も適当なものを，次の①～⑥のうちから一つ選べ。

① $\dfrac{cmy}{nx}$　　② $\dfrac{cny}{mx}$　　③ $\dfrac{cnx}{my}$　　④ $\dfrac{cmx}{ny}$　　⑤ $\dfrac{cy}{x}$　　⑥ $\dfrac{x}{cy}$

問2　1価の酸の 0.20 mol/L の水溶液 10 mL を，ある塩基の水溶液で中和滴定した。塩基の水溶液の滴下量と pH の関係を右の図に示す。次の問い（**a・b**）に答えよ。

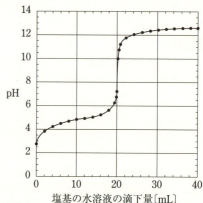

塩基の水溶液の滴下量〔mL〕

a　この滴定に関する記述として**誤りを含むもの**を，次の①～⑤のうちから一つ選べ。

①　この1価の酸は弱酸である。

②　滴定に用いた塩基の水溶液の pH は 12 より大きい。

③　中和点における水溶液の pH は 7 である。

④　この滴定に適した指示薬はフェノールフタレインである。

⑤　この滴定に用いた塩基の水溶液を用いて，0.10 mol/L の硫酸 10 mL を中和滴定すると，中和に要する滴下量は 20 mL である。

b　滴定に用いた塩基の水溶液として最も適当なものを，次の①～⑥のうちから一つ選べ。

①　0.050 mol/L のアンモニア水

②　0.10 mol/L のアンモニア水

③　0.20 mol/L のアンモニア水

④　0.050 mol/L の水酸化ナトリウム水溶液

⑤　0.10 mol/L の水酸化ナトリウム水溶液

⑥　0.20 mol/L の水酸化ナトリウム水溶液

実戦問題

32 単分子膜 7 分 ▶ 解答 P.41

アボガドロ定数を求めるために，次の実験を行った。

ステアリン酸 $C_{17}H_{35}COOH$ を W 〔g〕はかり取り，シクロヘキサン C_6H_{12} 溶液 200 mL をつくった。この溶液 0.100 mL を水面上に滴下し，シクロヘキサンを蒸発させると，次の図のようなステアリン酸単分子膜が形成した。この単分子膜の面積を測定すると A 〔cm^2〕となった。ただし，単分子膜中でステアリン酸1分子が占める面積を S 〔cm^2〕とする。下の問い（**問1・問2**）に答えよ。

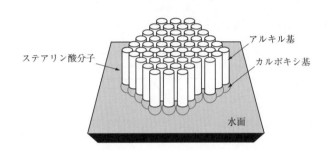

ステアリン酸分子　アルキル基　カルボキシ基　水面

問1 この実験結果から求められるアボガドロ定数 N_A（ステアリン酸 1 mol あたりの分子の数）を表す式を，次の①〜⑥のうちから一つ選べ。ただし，ステアリン酸のモル質量を M 〔g/mol〕とする。

① $N_A = \dfrac{2000MA}{SW}$　　② $N_A = \dfrac{AW}{2000MS}$　　③ $N_A = \dfrac{MSW}{2000A}$

④ $N_A = \dfrac{2000S}{MAW}$　　⑤ $N_A = \dfrac{SW}{2000MA}$　　⑥ $N_A = \dfrac{2000A}{MSW}$

問2 $W = 7.10 \times 10^{-2}$ 〔g〕，$A = 1.54 \times 10^2$ 〔cm^2〕，$S = 2.20 \times 10^{-15}$ 〔cm^2〕，$M = 284$ 〔g/mol〕のとき，$N_A = $ ☐X☐ $\times 10^{23}$ となった。☐X☐ の値に最も近い数値を，次の①〜⑥のうちから一つ選べ。

① 4.5　② 5.0　③ 5.5　④ 6.0　⑤ 6.5　⑥ 7.0

（上智大）

33 混合物の分析と反応量   10分 ▶ 解答 P.43

次の文章を読み，下の問い（**問1〜5**）に答えよ。なお，標準状態（0℃, 1.013×10^5 Pa）における気体のモル体積は 22.4 L/mol, 式量は $CaCO_3$=100, $CaCl_2$=111 とする。

固体の混合物Aは，物質量にして，炭酸カルシウム1に対し塩化カルシウムxの比で含む。それ以外の物質は含まず，両者は結晶水をもたない。Aを，十分な量の 0.20 mol/L の塩酸に加えていくときの，加えたAの質量〔g〕と発生した二酸化炭素の体積〔mL〕との関係は，下の図のようになった。なお，二酸化炭素の体積は標準状態（0℃, 1.013×10^5 Pa）における値である。ここで起こる反応の反応式は次のとおりである。

$$CaCO_3 + 2HCl \longrightarrow CaCl_2 + H_2O + CO_2$$

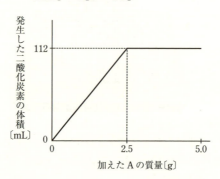

問1 A 10 g あたりに含まれる炭酸カルシウムの物質量は何 mol か。最も適当な数値を，次の①〜⑧のうちから一つ選べ。
① 0.0050　② 0.010　③ 0.020　④ 0.040
⑤ 0.080　⑥ 0.20　⑦ 0.50　⑧ 1.0

問2 用いた塩酸の体積は何 mL か。最も近い数値を，次の①〜⑧のうちから一つ選べ。
① 5.0　② 10　③ 20　④ 40
⑤ 50　⑥ 100　⑦ 200　⑧ 400

問3 xの値として最も適当な数値を，次の①〜⑧のうちから一つ選べ。
① 0.40　② 0.50　③ 0.90　④ 1.0
⑤ 1.8　⑥ 2.0　⑦ 3.6　⑧ 4.0

問4 十分な量の 0.20 mol/L の塩酸に，炭酸カルシウム 2.0 mol を含むAを加えた。反応終了後，溶液中に存在する塩化カルシウムの物質量を，xを用いて表すと何 mol になるか。最も適当なものを，次の①～⑧のうちから一つ選べ。

① x　　　② $x+0.50$　　③ $x+1.0$　　④ $2x$

⑤ $2x+1.0$　⑥ $2x+2.0$　⑦ $5x$　　　⑧ $5x+1.0$

問5 ここで起こる反応と同じ理由で起こる反応の反応式として，最も適当なものを，次の①～④のうちから一つ選べ。

① $Cu + 2H_2SO_4 \longrightarrow CuSO_4 + SO_2 + 2H_2O$

② $Na_2S + H_2SO_4 \longrightarrow Na_2SO_4 + H_2S$

③ $CaCO_3 \longrightarrow CaO + CO_2$

④ $AgNO_3 + NaCl \longrightarrow NaNO_3 + AgCl$

（オリジナル）

第2章 物質量と濃度、酸・塩基

34 沈殿と反応量

⏱4分 ▶ 解答 P.45

クロム酸カリウム K_2CrO_4 と硝酸銀 $AgNO_3$ との沈殿反応を調べるため，11本の試験管を使い，0.10 mol/L のクロム酸カリウム水溶液と 0.10 mol/L の硝酸銀水溶液を，それぞれ下の表に示した体積で混ぜ合わせた。ここでは，次の反応が起こり，生成物のクロム酸銀 Ag_2CrO_4 が沈殿する。

$$K_2CrO_4 + 2\,AgNO_3 \longrightarrow 2\,KNO_3 + Ag_2CrO_4$$

各試験管内に生じた沈殿の質量〔g〕を表すグラフとして最も適当なものを，次ページの①～⑥のうちから一つ選べ。ただし，沈殿した物質の溶解度は十分小さいものとし，原子量は $N=14$，$O=16$，$K=39$，$Cr=52$，$Ag=108$ とする。

試験管番号	クロム酸カリウム水溶液の体積〔mL〕	硝酸銀水溶液の体積〔mL〕
1	1.0	11.0
2	2.0	10.0
3	3.0	9.0
4	4.0	8.0
5	5.0	7.0
6	6.0	6.0
7	7.0	5.0
8	8.0	4.0
9	9.0	3.0
10	10.0	2.0
11	11.0	1.0

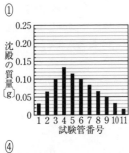

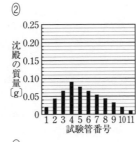

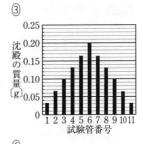

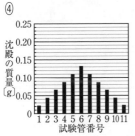

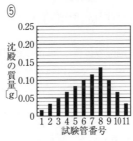

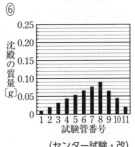

（センター試験・改）

第2章　物質量と濃度、酸・塩基

35 溶液の調製　⏱10分 ▶ 解答 P.46

　次の文章は，面倒君と律子さんが，濃硫酸を純水で薄めて希硫酸を調製しようとしているときの会話である。この文章を読み，下の問い(**問1～5**)に答えよ。

面倒君　：「質量パーセント濃度98%の濃硫酸が入ったガラスの試薬びんから，必要量の濃硫酸をメスシリンダーではかり取り，純水で薄めて，2.0 mol/Lの希硫酸250 mLを調製せよ」か。必要な98%濃硫酸の体積は何mLかな？

律子さん：硫酸の分子量は98だけど，その体積を計算で求めるには(ア)もう一つ必要な数値があるわね。

面倒君　：あ，必要な98%濃硫酸の体積は28 mLと実験書に書いてある。じゃあメスシリンダーではかって，そこに純水を足していけばいいね。

律子さん：ちょっと待って。ビーカーを使って薄めるのよ。そのときは，(イ)濃硫酸に純水を加えるんじゃなくて，純水に濃硫酸を少しずつ加えるの。ビーカーに適量の純水をとって，ガラス棒を伝わらせながら濃硫酸を加えて，逐一ガラス棒でかくはんするのよ。最後にメスフラスコに移して，(ウ)さらに標線まで純水を加えるの。

面倒君　：このメスフラスコ，洗いたてだから純水でぬれてるよ。薄まって濃度が変わっちゃうからまずくない？熱風で乾燥させようかな。

律子さん：メスフラスコは熱風乾燥しちゃだめ。使い物にならなくなるわ。(エ)純水でぬれたまま使えばいいのよ。

問1　下線部(ア)の「必要な数値」とは何か。また，文章中の情報からその値を算出するといくらになるか。最も適当な組合せを，次の①～⑧のうちから一つ選べ。

	必要な数値	その値
①	アボガドロ定数	5.0×10^{23}/mol
②	アボガドロ定数	6.0×10^{23}/mol
③	純硫酸のモル体積	22.4 L/mol
④	純硫酸のモル体積	56 cm³/mol
⑤	濃硫酸の密度	0.89 g/cm³
⑥	濃硫酸の密度	1.8 g/cm³
⑦	濃硫酸の比熱	2.1 J/(g·K)
⑧	濃硫酸の比熱	4.2 J/(g·K)

問2　下線部（イ）のように操作しなければならない理由として適当なものを，次の①〜⑤のうちから**二つ**選べ。
① 一度の混合で発生する熱の量を抑えるため。
② 用いる硫酸の量を節約するため。
③ 硫酸が水と反応し，別の物質に変化するのを防ぐため。
④ 硫酸の質量が変化するのを防ぐため。
⑤ 密度の大きなものを後に加えることによって，混ぜやすくするため。

問3　下線部（ウ）について，標線まで純水を加え終わったときの状態として最も適当なものを，次の①〜③のうちから一つ選べ。なお，図は標線付近を横から見たものである。

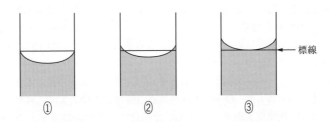

問4　下線部（エ）の理由について最も適当なものを，次の①〜⑥のうちから一つ選べ。
① 純水でぬれていても，メスフラスコ中の溶質の物質量には影響がないから。
② 用いるビーカーも純水でぬれていれば，影響が相殺されるから。
③ すべての器具を純水でぬれた状態で扱えば，条件は同じになるから。
④ 調製した溶液の濃度は低下するが，その後の実験で補正すればよいから。
⑤ 調製した溶液の濃度は低下するが，誤差の範囲内であり問題ないから。
⑥ 調製した溶液の濃度は低下するが，一定体積中の溶質の物質量には影響がないから。

問5　モル質量 M〔g/mol〕の溶質Aが，質量パーセント濃度 a〔%〕の濃度で溶けている密度 d〔g/cm³〕の水溶液がある。この水溶液のAのモル濃度〔mol/L〕を表す式として最も適当なものを，次の①〜⑧のうちから一つ選べ。

① $\dfrac{d}{1000aM}$　② $\dfrac{d}{100aM}$　③ $\dfrac{10d}{aM}$　④ $\dfrac{1000d}{aM}$

⑤ $\dfrac{ad}{1000M}$　⑥ $\dfrac{ad}{100M}$　⑦ $\dfrac{10ad}{M}$　⑧ $\dfrac{1000ad}{M}$

（オリジナル）

36 酸性・塩基性とその強さ　　　　　⏱️(10)分 ▶▶ 解答 P.50

次の文章を読み，下の問い（問1～4）に答えよ。

　地球は水の星なので，水は物質の性質の基準にされることが多い。 ア の定義では，水中で水素イオンを生じるものを酸，水酸化物イオンを生じるものを塩基と定義しているが，これも水を中性物質として基準に置いた定義である。この定義によると，水酸化ナトリウムは塩基性物質，次亜塩素酸は酸性物質に分類される。

　電気陰性度は，共有電子対を引きつける力を表す数値である。結合原子間の電気陰性度の差が大きいほど，共有電子対は陰性原子の側に偏る。金属元素と非金属元素の原子が結合すると，電気陰性度の差が大きいために，共有電子対は完全に非金属の原子の側に偏る。この結果，金属の原子は陽イオン，非金属の原子は陰イオンとなり，両者は イ 力で結び付くようになる。これが ウ 結合である。一方，同種の非金属の原子どうしが結び付いたときには，共有電子対はどちらの原子にも偏らず，完全な エ 結合となる。

　水酸化ナトリウム，水，次亜塩素酸の電子式は，それぞれ下の図のように表される。これら3つは，いずれも X—O—H という共通の構造をもつ。X は，水酸化ナトリウムが Na，水が H，次亜塩素酸が Cl である。水酸化ナトリウムの場合は，X—O 結合の電気陰性度の差が水よりも大きく，X^+ と OH^- に電離しやすい。一方，次亜塩素酸の場合は，X—O 結合の電気陰性度の差は水よりも小さく，X^+ と OH^- に電離することはない。むしろ，X の電気陰性度が H よりも大きいことから，電気陰性度の大きな O 原子を含む XO の二原子全体が強く負に帯電しようとし，O—H 結合の共有電子対を O 原子側に引き付けるため，XO^- と H^+ に電離しやすい。なお，X が多原子からなる場合は，陰性の原子が多いほどこの傾向が強くなる。

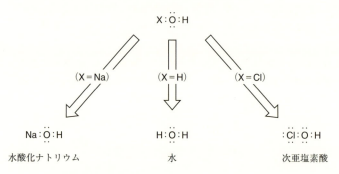

電気陰性度の値：Na＝0.90，H＝2.2，Cl＝3.2，O＝3.4

問1 空欄　ア　～　エ　に当てはまる語句として最も適当なものを，次の①～⑧のうちからそれぞれ一つずつ選べ。

① 非金属　　② 金属　　③ イオン　　④ 共有　　⑤ 分子間

⑥ クーロン（静電気的引）　　⑦ ブレンステッド　　⑧ アレニウス

問2 過塩素酸の分子式は HClO₄ で表され，その構造は，次亜塩素酸の塩素原子に3つの酸素原子を結合させたものである。上記の文章で示した考え方を用いると，過塩素酸の酸性は，次亜塩素酸と比べて　オ　と推定される。　オ　に当てはまる語句として最も適当なものを，次の①～③のうちから一つ選べ。

① 弱い　　② ほぼ変わらない　　③ 強い

問3 　ア　の定義とは別に，H^+ を放出するものが酸，H^+ を受け取るものが塩基とする定義がある。この定義に従うと，次の反応において水分子は　カ　。

　カ　に当てはまる最も適当な語句を，下の①～③のうちから一つ選べ。

$$NH_3 + H_3O^+ \rightleftarrows NH_4^+ + H_2O$$

① 酸としてはたらいている　　② 酸としても塩基としてもはたらいていない

③ 塩基としてはたらいている

問4 水溶液の酸性，塩基性の強さを表す数値として pH がある。pH に関する記述として正しいものを，次の①～⑥のうちから二つ選べ。なお，電離度とは 100% 電離を 1 とするときの電離した割合を指す。また，必要であれば，水素イオン濃度 $[H^+]$，水酸化物イオン濃度 $[OH^-]$ と pH の関係を示す以下の表を使うこと。

$[H^+]$*	10^0	10^{-1}	10^{-2}	10^{-3}	10^{-4}	10^{-5}	10^{-6}	10^{-7}	10^{-8}	10^{-9}	10^{-10}	10^{-11}	10^{-12}	10^{-13}	10^{-14}
$[OH^-]$*	10^{-14}	10^{-13}	10^{-12}	10^{-11}	10^{-10}	10^{-9}	10^{-8}	10^{-7}	10^{-6}	10^{-5}	10^{-4}	10^{-3}	10^{-2}	10^{-1}	10^0
pH	0	1	2	3	4	5	6	7	8	9	10	11	12	13	14

＊ $[H^+]$ と $[OH^-]$ の単位は，いずれも mol/L である。

① pH が 1 だけ増加すると，水素イオン濃度は 10 倍になる。

② pH＝2.0 の塩酸と，pH＝4.0 の塩酸を同体積ずつ混合すると，生じた溶液の pH は 3.0 となる。

③ pH＝13.0 の水酸化ナトリウム水溶液を水で 100 倍の体積に希釈すると，pH は 11.0 になる。

④ pH＝3.0 の酢酸水溶液を水で 10 倍の体積に希釈すると，pH は 4.0 になる。

⑤ 0.10 mol/L のある 1 価の弱酸水溶液は pH 3.0 を示した。この水溶液における酸の電離度は，0.0010 である。

⑥ pH＝11.0 のある 1 価の弱塩基水溶液を 10.0 mL とり，0.10mol/L 塩酸を滴下していくと，10.0 mL 滴下したところで中和点に達した。もとの弱塩基水溶液における弱塩基の電離度は，0.010 である。

（オリジナル）

37　セスキ炭酸ソーダ　　⏱10分 ▶ 解答 P.53

次の文章を読み，下の問い（問1～5）に答えよ。なお，原子量は H＝1.0，C＝12，O＝16，Na＝23，Ca＝40 とする。

流し台の掃除に使われるセスキ炭酸ソーダという商品がある。これは，炭酸ナトリウムと炭酸水素ナトリウムの混合物である。炭酸ナトリウムは　ア　塩に分類され，その水溶液は　イ　性を示す。炭酸水素ナトリウムは　ウ　塩に分類され，その水溶液は　エ　性を示す。この混合物は，油分を徐々に分解して水溶性成分に変化させる性質をもつため，流し台の油汚れを取り除くのに用いられる。

ある量のセスキ炭酸ソーダを水に溶かして 100 mL とした。これをA液とする。A液 20.0 mL に，十分な量の塩化カルシウム水溶液を加えると，白色の沈殿が生じた。これをろ過すると，白色沈殿が 0.200 g 得られた。続いて，このろ液全部をコニカルビーカーにとり，(オ)指示薬を加えてから，(カ)0.10 mol/L の塩酸を滴下していったところ，20.0 mL 滴下したところで(キ)コニカルビーカー中の水溶液の色が変色した。

問1　空欄　ア　～　エ　に当てはまる語句の組合せとして最も適当なものを，次の①～⑨のうちから一つ選べ。

	ア	イ	ウ	エ
①	正	中	正	中
②	正	中	正	酸
③	正	中	酸性（水素）	塩基
④	正	塩基	正	酸
⑤	正	塩基	酸性（水素）	酸
⑥	正	塩基	酸性（水素）	塩基
⑦	酸性（水素）	酸	正	塩基
⑧	酸性（水素）	中	正	中
⑨	酸性（水素）	塩基	正	酸

問2　下線部（オ）では，指示薬として，フェノールフタレインを使わずにメチルオレンジを用いる。この理由として適当なものを，次の①～⑥のうちから二つ選べ。
① 反応終了時の水溶液が弱酸性になるから。
② 反応終了時の水溶液が中性になるから。
③ 反応終了時の水溶液が弱塩基性になるから。
④ メチルオレンジは，フェノールフタレインよりも変色域が広いから。
⑤ メチルオレンジは，変色域が弱酸性にあるから。
⑥ メチルオレンジは，変色域が弱塩基性にあるから。

問3 下線部（カ）について，このとき加えた塩酸の体積〔mL〕と，コニカルビーカー中の水溶液の pH との関係を表す図として最も適当なものを，次の①〜⑥のうちから一つ選べ。

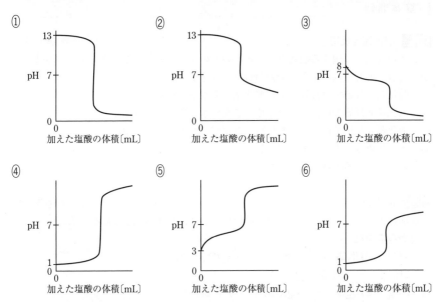

問4 下線部（キ）について，このときのコニカルビーカー中の水溶液の変色のしかたとして最も適当なものを，次の①〜⑥のうちから一つ選べ。
① 無色の水溶液が赤色になる
② 赤色の水溶液が無色になる
③ 黄色の水溶液が赤色になる
④ 赤色の水溶液が黄色になる
⑤ 無色の水溶液が濃青色になる
⑥ 濃青色の水溶液が無色になる

問5 セスキ炭酸ソーダに含まれる炭酸ナトリウムと炭酸水素ナトリウムの物質量の比は，1 対 ク である。 ク に当てはまる数値として最も適当なものを，次の①〜⑧のうちから一つ選べ。
① 0.33
② 0.5
③ 0.67
④ 1
⑤ 1.33
⑥ 1.5
⑦ 1.67
⑧ 2

（オリジナル）

第3章 | 酸化還元，イオン化傾向と電池 |

基本問題

38 酸化還元反応

酸化還元反応に関する記述として正しいものを，次の①～⑥のうちから一つ選べ。

① 物質が酸化されるとき，その物質は電子を受け取る。
② 酸化還元反応では，還元剤が酸化剤から電子を奪う。
③ 酸化還元反応では，必ず酸素原子または水素原子が関与する。
④ 酸化還元反応では，必ず酸化数が変化する原子が存在する。
⑤ ヨウ化カリウムは，酸化剤としてはたらく。
⑥ オゾンは，還元剤としてはたらく。

39 酸化数

反応によって，下線を付した原子の酸化数が3減少する化学反応を，次の①～⑥のうちから二つ選べ。

① $3Cu + 8H\underline{N}O_3 \longrightarrow 3Cu(NO_3)_2 + 2\underline{N}O + 4H_2O$
② $2H_2\underline{O}_2 \longrightarrow 2H_2O + \underline{O}_2$
③ $2Ag + 2H_2\underline{S}O_4 \longrightarrow Ag_2SO_4 + \underline{S}O_2 + 2H_2O$
④ $2K\underline{Cl}O_3 \longrightarrow 2K\underline{Cl} + 3O_2$
⑤ $\underline{Mn}O_2 + 4HCl \longrightarrow \underline{Mn}Cl_2 + Cl_2 + 2H_2O$
⑥ $K_2\underline{Cr}_2O_7 + 6FeSO_4 + 7H_2SO_4$
   $\longrightarrow \underline{Cr}_2(SO_4)_3 + 3Fe_2(SO_4)_3 + K_2SO_4 + 7H_2O$

40 酸化還元反応式

過マンガン酸イオン MnO_4^- は，酸性水溶液中で酸化剤としてはたらくと Mn^{2+} を生成するが，中性または塩基性水溶液中で酸化剤としてはたらくと MnO_2 を生成する。次の問い(**問1・問2**)に答えよ。

問1 酸性水溶液中での MnO_4^- の反応は，電子を含む次のイオン反応式で表される。

$$MnO_4^- + aH^+ + be^- \longrightarrow Mn^{2+} + cH_2O$$

一方，シュウ酸が還元剤としてはたらくときの電子を含むイオン反応式は次のとおりである。

$$(COOH)_2 \longrightarrow 2CO_2 + dH^+ + ee^-$$

これらの反応式から電子 e^- を消去すると，反応全体は次のように表される。

$$2MnO_4^- + f(COOH)_2 + gH^+$$
$$\longrightarrow 2Mn^{2+} + 2fCO_2 + hH_2O$$

これらの反応式の係数 b および g の組合せとして正しいものを，右の①～⑥のうちから一つ選べ。

	b	g
①	2	6
②	2	8
③	5	6
④	5	8
⑤	8	6
⑥	8	8

問2 塩基性水溶液中での MnO_4^- の反応は，電子を含む次のイオン反応式で表される。

$$MnO_4^- + aH_2O + be^- \longrightarrow MnO_2 + cOH^-$$

Sn^{2+} は，MnO_4^- によって次のように酸化される。

$$Sn^{2+} \longrightarrow Sn^{4+} + 2e^-$$

これらの反応式から電子 e^- を消去すると，反応全体は次のように表される。

$$2MnO_4^- + dSn^{2+} + 2aH_2O$$
$$\longrightarrow 2MnO_2 + dSn^{4+} + 2cOH^-$$

これらの反応式の係数 c および d の組合せとして正しいものを，右の①～⑥のうちから一つ選べ。

	c	d
①	2	1
②	2	2
③	2	3
④	4	1
⑤	4	2
⑥	4	3

第3章 酸化還元、イオン化傾向と電池

41 酸化還元反応の判別

酸化還元反応を**含まないもの**を，次の①〜⑤のうちから一つ選べ。

① 硫酸で酸性にした赤紫色の過マンガン酸カリウム水溶液にシュウ酸水溶液を加えると，ほぼ無色の溶液になった。

② 常温の水にナトリウムを加えると，激しく反応して水素が発生した。

③ 銅線を空気中で加熱すると，表面が黒くなった。

④ 炭酸カルシウムを加熱すると，二酸化炭素を発生しながら酸化カルシウムに変化した。

⑤ 硫酸で酸性にした無色のヨウ化カリウム水溶液に過酸化水素水を加えると，褐色の溶液となった。

42 酸化還元反応の反応量

濃度不明の過酸化水素水 10.0 mL を希硫酸で酸性にし，これに 0.0500mol/L の過マンガン酸カリウム水溶液を滴下した。滴下量が 20.0 mL のときに赤紫色が消えずにわずかに残った。過酸化水素水の濃度〔mol/L〕として最も適当な数値を，下の①〜⑥のうちから一つ選べ。ただし，過酸化水素および過マンガン酸イオンの反応は，電子を含む次のイオン反応式で表される。

$$H_2O_2 \longrightarrow O_2 + 2H^+ + 2e^-$$
$$MnO_4^- + 8H^+ + 5e^- \longrightarrow Mn^{2+} + 4H_2O$$

① 0.0250 ② 0.0400 ③ 0.0500 ④ 0.250 ⑤ 0.400 ⑥ 0.500

43 酸化還元反応と反応量のグラフ

ある量の硫酸鉄（Ⅱ）$FeSO_4$ を溶かした水溶液に，十分な量の希硫酸を加えてから，1.0 mol/L の過酸化水素 H_2O_2 水溶液を加えていくと，硫酸鉄（Ⅲ）$Fe_2(SO_4)_3$ が生成した。このとき，加えた過酸化水素水溶液の体積〔mL〕と，反応後に水溶液内に残っていた未反応の硫酸鉄（Ⅱ）の物質量〔mol〕との関係は，次の図のようになった。図中の縦軸 x の値として最も適当なものを，下の①〜⑥のうちから一つ選べ。

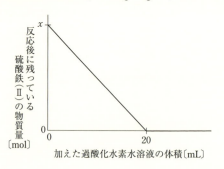

① 0.010 ② 0.020 ③ 0.040 ④ 0.060 ⑤ 0.080 ⑥ 0.12

44 イオン化傾向 ⏱2分 ▶ 解答 P.63

金属Aと金属Bは，Au，Cu，Zn のいずれかである。AとBの金属板の表面をよく磨いて，金属イオンを含む水溶液にそれぞれ浸した。金属板の表面を観察したところ，次の表のようになった。金属Aと金属Bの組合せとして最も適当なものを，下の①〜⑥のうちから一つ選べ。ただし，金属をイオン化傾向の大きな順に並べた金属のイオン化列は，Zn＞Sn＞Pb＞Cu＞Ag＞Au である。

金属	水溶液に含まれる金属イオン	観察結果
A	Cu^{2+}	金属が析出した
A	Pb^{2+}	金属が析出した
A	Sn^{2+}	金属が析出した
B	Ag^+	金属が析出した
B	Pb^{2+}	金属は析出しなかった
B	Sn^{2+}	金属は析出しなかった

	金属A	金属B
①	Au	Cu
②	Au	Zn
③	Cu	Au
④	Cu	Zn
⑤	Zn	Au
⑥	Zn	Cu

第3章　酸化還元、イオン化傾向と電池

45　電池のしくみ　　⏱️1分 ▶▶ 解答 P.64

電池に関する次の文章中の　ア　～　ウ　に当てはまる語句の組合せとして，最も適当なものを，右下の①～⑧のうちから一つ選べ。

下の図のように，導線でつないだ2種類の金属（A・B）を電解質の水溶液に浸して電池を作製する。このとき，一般にイオン化傾向の大きな金属は　ア　され，　イ　となって溶け出すので，電池の　ウ　となる。

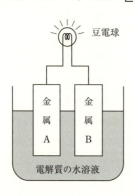

豆電球

金属A　金属B

電解質の水溶液

	ア	イ	ウ
①	還元	陽イオン	正極
②	還元	陽イオン	負極
③	還元	陰イオン	正極
④	還元	陰イオン	負極
⑤	酸化	陽イオン	正極
⑥	酸化	陽イオン	負極
⑦	酸化	陰イオン	正極
⑧	酸化	陰イオン	負極

46　いろいろな電池　　⏱️2分 ▶▶ 解答 P.65

電池に関する記述として下線部に**誤りを含むもの**を，次の①～⑥のうちから一つ選べ。

① 導線から電子が流れ込む電極を，電池の正極という。

② 電池の両極間の電位差を起電力という。

③ 充電によって繰り返し使うことのできる電池を，二次電池という。

④ ダニエル電池では，亜鉛よりイオン化傾向が小さい銅の電極が負極となる。

⑤ 鉛蓄電池の正極活物質は酸化鉛（IV）PbO_2 であり，放電では，この PbO_2 が還元される。

⑥ 燃料電池の放電では，正極で酸素が，負極で水素が反応する。

47 金属の利用

 2分 ▶ 解答 P.66

身近に使われる金属に関する記述として下線部に**誤りを含む**ものを，次の①〜⑥のうちから**二つ選べ**。

① 鉄は，湿った空気中では酸素によって酸化され，赤さびを生じる。

② 溶鉱炉中で鉄鉱石をコークスで酸化することにより銑鉄が得られる。

③ ステンレス鋼は，アルミニウムを含む合金であり，不動態化しやすくさびにくいため，流し台などに利用される。

④ アルミニウムは，ボーキサイトからの製錬に多量の電力を必要とするため，回収して再利用する。

⑤ 銅は，電気伝導性や熱伝導性が大きいため，電線に利用される。

⑥ 銅と亜鉛の合金は黄銅（真ちゅう）とよばれ，さびにくく光沢を失わないため金管楽器に用いられる。

48 物質の利用

 2分 ▶ 解答 P.67

物質の用途に関する記述として下線部に**誤りを含む**ものを，次の①〜⑥のうちから**一つ選べ**。

① 生石灰（酸化カルシウム）は，吸湿性が強いので，焼き海苔（のり）などの保存に用いられる。

② ダイヤモンドは，非常に硬いため，研磨剤に用いられる。

③ 塩素は，水道水などの殺菌に利用されている。

④ 一般の洗剤には，水になじみやすい部分と油になじみやすい部分とをあわせもつ分子が含まれる。

⑤ ビタミンC（アスコルビン酸）は，食品の着色料として用いられる。

⑥ プラスチックは，分子量の小さな分子が重合してできた高分子化合物からできている。

49 実験の安全

2分 ▶ 解答 P.67

実験の安全に関する記述として**適当でない**ものを，次の①〜⑥のうちから**二つ選べ**。

① 硝酸が手に付着したときは，直ちに大量の水で洗い流す。

② 濃塩酸は，換気のよい場所で扱う。

③ 濃硫酸を希釈するときは，ビーカーに入れた濃硫酸に純水を注ぐ。

④ 液体の入った試験管を加熱するときは，試験管の口を人のいない方に向ける。

⑤ 液体試薬を試験管に取り出すときには，試薬びんのラベルを上にして持ち，ガラス棒に伝わらせて静かに注ぎ込む。

⑥ 薬品が燃えだしたときには，あわてずに近くの可燃物を取り除き，十分量の水をかける。

実戦問題

50 身近な物質と酸化還元反応　　　　　　　 ⏱6分 ▶ 解答 P.68

次の文章を読み，下の問い（**問1～4**）に答えよ。ただし，原子量は H＝1.0, N＝14, O＝16, Na＝23, Cl＝36, Ca＝40 とする。

2016 年のリオデジャネイロ・オリンピックでは，一夜にしてプールの色が緑色に変色し，悪臭を放ち出すというトラブルがあった。これは，すでに殺菌剤Aが溶かしてあるプールに，別の殺菌剤Bを投入してしまったため，AとBが反応して殺菌剤がなくなってしまい，藻が繁殖したためである。殺菌剤Aは，家庭用の漂白剤などにも利用される。一方Bは，傷口を消毒するために家庭でも用いられる。AとBは，(ア)ともに菌を酸化して死滅させる物質である。Aは別の酸化還元反応を行わないが，(イ)Bは反応相手によって別の酸化還元反応を行うこともできる。このため，(ウ)AとBが反応し，双方が消費されてしまったのである。ただ，その生成物はいずれも無害であったため，追加の殺菌剤を投入することにより，やがて問題は解決した。

問1 下線部（ア）のような物質が行う反応として正しいものを，次の①・②のうちから一つ選べ。

① 電子を奪う　　② 電子を放出する

問2 下線部（イ）の「別の反応」とは何か。最も適当なものを，次の①～④のうちから一つ選べ。

① Bが酸としてはたらく反応　　　② Bが塩基としてはたらく反応
③ Bが酸化剤としてはたらく反応　　④ Bが還元剤としてはたらく反応

問3 下線部（ウ）のようにAとBが反応したときの化学反応式として最も適当なものを，次の①～⑥のうちから一つ選べ。

① $NaOH + HCl \longrightarrow NaCl + H_2O$

② $2NH_4Cl + Ca(OH)_2 \longrightarrow CaCl_2 + 2NH_3 + 2H_2O$

③ $2NaHCO_3 \longrightarrow Na_2CO_3 + H_2O + CO_2$

④ $NaClO + 2HCl \longrightarrow NaCl + H_2O + Cl_2$

⑤ $NaClO + H_2O_2 \longrightarrow NaCl + H_2O + O_2$

⑥ $2H_2O_2 \longrightarrow 2H_2O + O_2$

問4 質量パーセント濃度3.0％でAを含む水溶液5.0kgをプールに投入した。ここに，質量パーセント濃度8.5％のBを含む水溶液を投入していったとき，プール中のAのモル濃度はどのように変化するか。Aのモル濃度の変化を表したグラフとして最も適当なものを，次の①～⑥のうちから一つ選べ。ただし，プールの水の量は $1.0 \times 10^4\,\mathrm{m}^3$ で一定であり，かくはんは完全に行われるものとする。

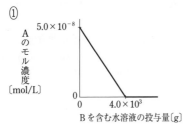

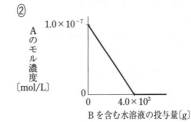

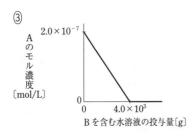

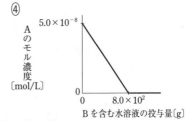

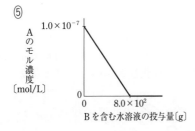

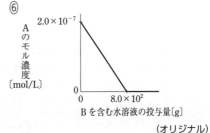

（オリジナル）

51 分子の極性と酸化数　　　　　　　　　　6分 ▶▶ 解答 P.70

次の文章を読み，下の問い（**問1～3**）に答えよ。

　電気陰性度は，原子が共有電子対を引きつける相対的な強さを数値で表したものである。アメリカの化学者ポーリングの定義によると，右の表に示す値となる。

原子	H	C	O
電気陰性度	2.2	2.6	3.4

　共有結合している原子の酸化数は，電気陰性度の大きい方の原子が共有電子対を完全に引きつけたと仮定して定められている。たとえば水分子では，図1のように酸素原子が矢印の方向に共有電子対を引きつけるので，酸素原子の酸化数は -2，水素原子の酸化数は $+1$ となる。

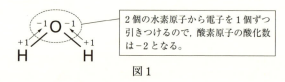

2個の水素原子から電子を1個ずつ引きつけるので，酸素原子の酸化数は-2となる。

図1

　同様に考えると，二酸化炭素分子では，図2のようになり，炭素原子の酸化数は $+4$，酸素原子の酸化数は -2 となる。

$$\overset{-1\quad+1}{\underset{-1\quad+1}{O}} = \overset{+1\quad-1}{\underset{+1\quad-1}{C}} = O$$

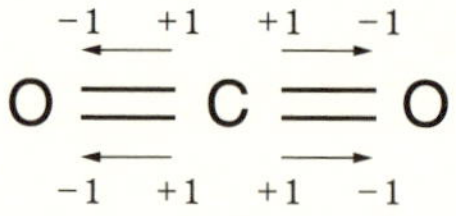

図2

　ところで，過酸化水素分子の酸素原子は，図3のように O−H 結合において共有電子対を引きつけるが，O−O 結合においては，どちらの酸素原子も共有電子対を引きつけることができない。したがって，酸素原子の酸化数はいずれも -1 となる。

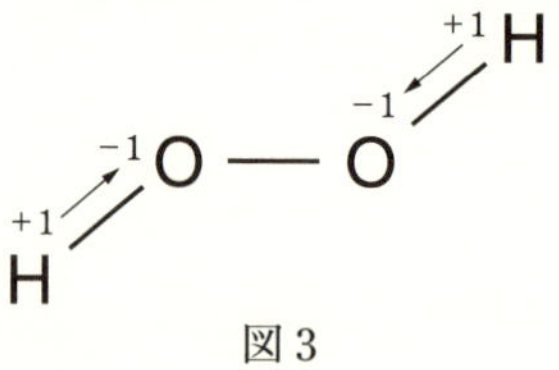

$$\overset{+1}{H}\overset{-1}{O} - \overset{-1}{O}\overset{+1}{H}$$

図3

問1 H_2O, H_2, CH_4 の分子の形を図4に示す。これらの分子のうち、酸化数が $+1$ の原子を含む無極性分子はどれか。正しく選択しているものを、下の①~⑥のうちから一つ選べ。

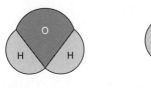 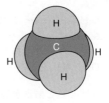

図4

① H_2O ② H_2 ③ CH_4
④ H_2O と H_2 ⑤ H_2O と CH_4 ⑥ H_2 と CH_4

問2 エタノールは酒類に含まれるアルコールであり、酸化反応により構造が変化して酢酸となる。

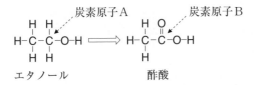

エタノール　　　　　　酢酸

　エタノール分子中の炭素原子Aの酸化数と、酢酸分子中の炭素原子Bの酸化数は、それぞれいくつか。最も適当なものを、次の①~⑨のうちから一つずつ選べ。ただし、同じものを繰り返し選んでもよい。

① $+1$ ② $+2$ ③ $+3$ ④ $+4$ ⑤ 0
⑥ -1 ⑦ -2 ⑧ -3 ⑨ -4

第3章

酸化還元、イオン化傾向と電池

問3　清涼飲料水の中には，酸化防止剤としてビタミンＣ（アスコルビン酸）$C_6H_8O_6$ が添加されているものがある。ビタミンＣは酸素 O_2 と反応することで，清涼飲料水中の成分の酸化を防ぐ。このときビタミンＣおよび酸素の反応は，次のように表される。

$$C_6H_8O_6 \longrightarrow C_6H_6O_6 + 2H^+ + 2e^-$$

ビタミンＣ　　　　　ビタミンＣが
　　　　　　　　　酸化されたもの

$$O_2 + 4H^+ + 4e^- \longrightarrow 2H_2O$$

ビタミンＣと酸素が過不足なく反応したときの，反応したビタミンＣの物質量と，反応した酸素の物質量の関係を表す直線として最も適当なものを，次の①〜⑤のうちから一つ選べ。

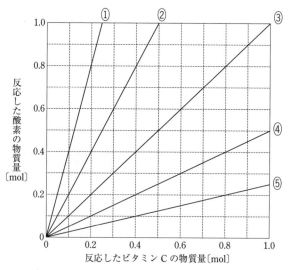

（共通テスト試行調査）

52 トイレ用洗浄剤の分析 ⏱(8)分 ▶ 解答 P.74

　学校の授業で，ある高校生がトイレ用洗浄剤に含まれる塩化水素の濃度を中和滴定により求めた。次に示したものは，その実験報告書の一部である。この報告書を読み，下の問い(**問1〜4**)に答えよ。

「まぜるな危険　酸性タイプ」の洗浄剤に含まれる塩化水素濃度の測定
【目的】
　トイレ用洗浄剤のラベルに「まぜるな危険　酸性タイプ」と表示があった。このトイレ用洗浄剤は塩化水素を約10％含むことがわかっている。この洗浄剤(以下「試料」という)を水酸化ナトリウム水溶液で中和滴定し，塩化水素の濃度を正確に求める。
【試料の希釈】
　滴定に際して，試料の希釈が必要かを検討した。塩化水素の分子量は36.5なので，試料の密度を $1\,g/cm^3$ と仮定すると，試料中の塩化水素のモル濃度は約 $3\,mol/L$ である。この濃度では，約 $0.1\,mol/L$ の水酸化ナトリウム水溶液を用いて中和滴定を行うには濃すぎるので，試料を希釈することとした。試料の希釈溶液 $10\,mL$ に，約 $0.1\,mol/L$ の水酸化ナトリウム水溶液を $15\,mL$ 程度加えたときに中和点となるようにするには，試料を ア 倍に希釈するとよい。
【実験操作】
1. 試料 $10.0\,mL$ を，ホールピペットを用いてはかり取り，その質量を求めた。
2. 試料を，メスフラスコを用いて正確に ア 倍に希釈した。
3. この希釈溶液 $10.0\,mL$ を，ホールピペットを用いて正確にはかり取り，コニカルビーカーに入れ，フェノールフタレイン溶液を2，3滴加えた。
4. ビュレットから $0.103\,mol/L$ の水酸化ナトリウム水溶液を少しずつ滴下し，赤色が消えなくなった点を中和点とし，加えた水酸化ナトリウム水溶液の体積を求めた。
5. 3と4の操作を，さらにあと2回繰り返した。

【結果】

1．実験操作1で求めた試料 10.0 mL の質量は 10.40 g であった。

2．この実験で得られた滴下量は次のとおりであった。

	加えた水酸化ナトリウム 水溶液の体積〔mL〕
1回目	12.65
2回目	12.60
3回目	12.61
平均値	12.62

3．加えた水酸化ナトリウム水溶液の体積を，平均値 12.62 mL とし，試料中の塩化水素の濃度を求めた。なお，試料中の酸は塩化水素のみからなるものと仮定した。

（中略）

希釈前の試料に含まれる塩化水素のモル濃度は，2.60 mol/L となった。

4．試料の密度は，結果1より 1.04 g/cm³ となるので，試料中の塩化水素（分子量 36.5）の質量パーセント濃度は イ ％であることがわかった。

（以下略）

問1　空欄 ア に当てはまる数値として最も適当なものを，次の①～⑤のうちから一つ選べ。

① 2　　② 5　　③ 10　　④ 20　　⑤ 50

問2　別の生徒がこの実験を行ったところ，水酸化ナトリウム水溶液の滴下量が，正しい量より大きくなることがあった。どのような原因が考えられるか。最も適当なものを，次の①～④のうちから一つ選べ。

① 実験操作3で使用したホールピペットが水でぬれていた。

② 実験操作3で使用したコニカルビーカーが水でぬれていた。

③ 実験操作3でフェノールフタレイン溶液を多量に加えた。

④ 実験操作4で滴定開始前にビュレットの先端部分にあった空気が滴定の途中でぬけた。

問3 空欄 イ に当てはまる数値として最も適当なものを，次の①〜⑤のうちから一つ選べ。

① 8.7 ② 9.1 ③ 9.5 ④ 9.8 ⑤ 10.3

問4 この「酸性タイプ」の洗浄剤と，次亜塩素酸ナトリウム NaClO を含む「まぜるな危険 塩素系」の表示のある洗浄剤を混合してはいけない。これは，(1)式のように弱酸である次亜塩素酸 HClO が生成し，さらに(2)式のように次亜塩素酸が塩酸と反応して，有毒な塩素が発生するためである。

$$NaClO + HCl \longrightarrow NaCl + HClO \quad \cdots(1)$$
$$HClO + HCl \longrightarrow Cl_2 + H_2O \quad \cdots(2)$$

(1)式の反応と類似性が最も高い反応はあ〜うのうちのどれか。また，その反応を選んだ根拠となる類似性は a，b のどちらか。反応と類似性の組合せとして最も適当なものを，下の①〜⑥のうちから一つ選べ。

【反応】
あ 過酸化水素水に酸化マンガン (IV) を加えると気体が発生した。
い 酢酸ナトリウムに希硫酸を加えると刺激臭がした。
う 亜鉛に希塩酸を加えると気体が発生した。

【類似性】
a 弱酸の塩と強酸の反応である。
b 酸化還元反応である。

	反応	類似性
①	あ	a
②	あ	b
③	い	a
④	い	b
⑤	う	a
⑥	う	b

（共通テスト試行調査）

53 COD

⏱(10)分 ▶▶ 解答 P.76

次の文章を読み，下の問い（**問1～6**）に答えよ。

　河川や湖沼の水に有機化合物が溶けると，微生物が繁殖して汚れた水となる。このため，工業排水は，排水口において COD とよばれる有機化合物の濃度測定を行い，その排出量を規制している。これは，水中に溶けている有機化合物を過マンガン酸カリウムで酸化することにより，有機化合物の濃度を測定するものである。COD の実験手順は次のとおりである。

実験1　100 mL の試料水（排水など）をコニカルビーカーにとり，十分な量の希硫酸と，$2C$〔mol/L〕の過マンガン酸カリウム水溶液 20.0 mL を加えてから溶液を加熱し沸騰させる。沸騰後，(ア)溶液が赤紫色に着色していることを確認する。

実験2　実験1で得た水溶液に，$5C$〔mol/L〕のシュウ酸水溶液 V〔mL〕を加える。

実験3　実験2で得られた水溶液を，ビュレットに入れた $2C$〔mol/L〕過マンガン酸カリウム水溶液で滴定する。(イ)水溶液の色が変色したところを終点とし，それまでに滴下した過マンガン酸カリウム水溶液の体積 W〔mL〕を，ビュレットの目盛りの差から読み取る。

問1　実験1で，過マンガン酸イオンが酸化剤としてはたらくときの電子を含むイオン反応式として最も適当なものを，次の①～④のうちから一つ選べ。

①　$MnO_4^- + 4H^+ + 3e^- \longrightarrow MnO_2 + 2H_2O$

②　$MnO_4^- + 2H_2O + 3e^- \longrightarrow MnO_2 + 4OH^-$

③　$MnO_4^- + 8H^+ + 5e^- \longrightarrow Mn^{2+} + 4H_2O$

④　$MnO_4^- + 4H_2O + 5e^- \longrightarrow Mn^{2+} + 8OH^-$

問2　下線部（ア）について，この確認を行う目的として最も適当なものを，次の①～④のうちから一つ選べ。

①　試料水中に酸素が含まれていないことを確認するため。

②　試料水中の有機化合物が，すべて反応したことを確認するため。

③　試料水に加えた過マンガン酸カリウムが，すべて反応したことを確認するため。

④　試料水に加えた過マンガン酸カリウムが，沸騰によってすべて分解したことを確認するため。

問3　下線部（イ）で，水溶液はどのように変色するか。最も適当なものを，次の①～⑥のうちから一つ選べ。

①　無色から赤紫色に変化する　　②　無色から黄褐色に変化する

③　無色から濃青色に変化する　　④　赤紫色から無色に変化する

⑤　黄褐色から無色に変化する　　⑥　濃青色から無色に変化する

問4　実験2では，実験1で加える過マンガン酸カリウムと過不足なく反応する量のシュウ酸を加える。その体積 V 〔mL〕として最も適当な数値を，下の①〜⑧のうちから一つ選べ。ただし，シュウ酸が還元剤としてはたらくときの電子を含むイオン反応式は次のとおりである。

$$(COOH)_2 \longrightarrow 2CO_2 + 2H^+ + 2e^-$$

① 4.0　　② 8.0　　③ 10.0　　④ 12.5
⑤ 15.0　　⑥ 20.0　　⑦ 40.0　　⑧ 50.0

問5　実験3で加えた過マンガン酸カリウムの量は，試料水に最初に溶けていた有機化合物を酸化するのに必要な量と一致する。一方，4 mol の過マンガン酸カリウムが奪う電子の物質量は，5 mol の酸素 O_2 が奪う電子の物質量に等しい。この試料水 1.0 L 中の有機化合物を，過マンガン酸カリウムではなく酸素 O_2 で酸化したとすれば，反応する酸素 O_2 は何 mol か。最も近いものを，次の①〜⑧のうちから一つ選べ。

① 0.025CW　　② 0.040CW　　③ 0.050CW　　④ 0.080CW
⑤ 2.5CW　　⑥ 4.0CW　　⑦ 5.0CW　　⑧ 8.0CW

問6　この実験を知った素直君は，わざわざ上記の方法をとらなくても，試料水に希硫酸を加えた後，直接実験3の操作を行えば，一段の操作で COD が測定でき効率的だと考えた。しかし，実際にそのような手順で COD を測定すると，通常の方法で得た値よりも，試料水中の有機化合物の濃度が低く算出されることがわかった。この原因として最も適当なものを，次の①〜⑤のうちから一つ選べ。ただし，実験中に起こる反応は酸化還元反応のみであり，過マンガン酸カリウムは加熱によって分解されないものとする。

①　実験1でいったん加えるべき過マンガン酸カリウム水溶液を加えなかった分だけ，実験3での滴定値が増加したから。

②　実験1で，溶液が赤紫色に着色していることを確認しなかったために，測定値の補正ができなかったため。

③　実験2でシュウ酸水溶液を加えなかった分だけ，実験3での滴定値が減少したから。

④　有機化合物をシュウ酸と反応させなかったことから，未反応の有機化合物がより多く残ってしまったため。

⑤　高濃度の過マンガン酸カリウムで加熱下に反応させなかったため，有機化合物の一部が反応を行わなかったから。

(オリジナル)

第3章　酸化還元、イオン化傾向と電池

54　イオン化傾向と金属の単体の性質

6分 ▶▶ 解答 P.79

次の文章を読み，下の問い（問1～4）に答えよ。

イオン化傾向とは，単体の金属が，水溶液中でどれだけ陽イオンになりやすいかを表す数値である。図1のように，濃度 $1\,mol/L$ の金属イオン M^{2+} が溶けている水溶液に，金属 M の単体の板を浸したものを半電池という。これを，図2のように水素標準電極と接続すると，電池ができる。このとき，もし M のイオン化傾向が水素 H_2 よりも大きいのであれば，(1)式の反応は ア 向きに進行し，電流は イ から ウ へと導線を伝って流れる。

$$M^{2+} + H_2 \rightleftharpoons M + 2H^+ \quad \cdots(1)$$

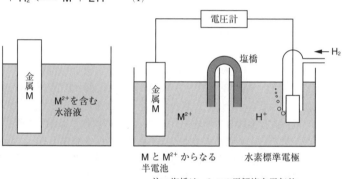

図1　　　　　図2

注：塩橋は，2つの電解液を電気的に接続するためのものである。

したがって，金属 M の板は電池の エ 極となる。反対に，M のイオン化傾向が H_2 よりも小さいのであれば，(1)式の反応は オ 向きに進行する。

この電池の電圧を測定すれば，水素標準電極との電位の差がわかる。ここで，電位とは半電池が電子を奪う力を電圧〔V〕で表した数値である。電位の大きな半電池を構成する金属は，陽イオンが電子を奪って単体になりやすいので，イオン化傾向が小さい。水素標準電極を基準にした電位〔V〕を，標準電極電位という。下の表に，3種の金属 M_A～M_C を用いた半電池の標準電極電位を示す。

2つの異なる半電池を接続すれば，電池ができる。このときの起電力は，両半電池の標準電極電位の差に相当する。

表　標準電極電位の値

半電池	半電池の反応	標準電極電位〔V〕
A	$M_A \rightleftharpoons M_A^{2+} + 2e^-$	$+0.35$
B	$M_B \rightleftharpoons M_B^{2+} + 2e^-$	-0.20
C	$M_C \rightleftharpoons M_C^{2+} + 2e^-$	-0.75

問1 空欄 ア ～ オ に当てはまる語句の組合せとして最も適当なものを，次の①～⑧のうちから一つ選べ。

	ア	イ	ウ	エ	オ
①	左	金属板 M	水素標準電極	正	右
②	左	金属板 M	水素標準電極	負	右
③	右	金属板 M	水素標準電極	正	左
④	右	金属板 M	水素標準電極	負	左
⑤	左	水素標準電極	金属板 M	正	右
⑥	左	水素標準電極	金属板 M	負	右
⑦	右	水素標準電極	金属板 M	正	左
⑧	右	水素標準電極	金属板 M	負	左

問2 金属 M_A, M_B, M_C を，イオン化傾向の大きなものから順番に並べるとどうなるか。また，半電池Bに含まれる物質が酸化剤としてはたらくようになるのは，半電池 A，C どちらと接続したときか。その組合せとして最も適当なものを，次の①～④のうちから一つ選べ。

	イオン化傾向の大きさの順	接続する半電池
①	$M_A > M_B > M_C$	A
②	$M_A > M_B > M_C$	C
③	$M_C > M_B > M_A$	A
④	$M_C > M_B > M_A$	C

問3 半電池Aと，半電池Cとを接続して電池にした。この電池の起電力は何 V か。また，電池として反応するとき金属板が溶解するのは，A，C のうちどちらの半電池か。その組合せとして最も適当なものを，次の①～⑧のうちから一つ選べ。

	起電力〔V〕	溶解する金属板
①	0.35	A
②	0.40	A
③	0.75	A
④	1.10	A
⑤	0.35	C
⑥	0.40	C
⑦	0.75	C
⑧	1.10	C

問4　目樽君は，物置から3種類の金属板 M_1，M_2，M_3 を見つけた。これらは亜鉛，鉄，銀のいずれかであることはわかっているが，どの金属板がどれに該当するかがわからない。そこで各々の金属板の一部を切り取り，表面をよく磨いて次の実験を行った。下の問い（**a・b**）に答えよ。

実験1　M_1 と M_2 を希硫酸に加えたところ，M_1 は気体 G_1 を発しながら溶けたが，M_2 は溶けなかった。

実験2　M_2 と M_3 を濃硝酸に加えたところ，M_2 は気体 G_2 を発しながら溶けたが，M_3 は溶けなかった。

a　金属 M_1～M_3 の組合せとして最も適当なものを，次の①～⑥のうちから一つ選べ。

	M_1	M_2	M_3
①	亜鉛	鉄	銀
②	亜鉛	銀	鉄
③	鉄	亜鉛	銀
④	鉄	銀	亜鉛
⑤	銀	亜鉛	鉄
⑥	銀	鉄	亜鉛

b　発生した気体 G_1，G_2 の組合せとして最も適当なものを，次の①～⑥のうちから一つ選べ。

	G_1	G_2
①	水素	一酸化窒素
②	水素	二酸化窒素
③	水素	二酸化硫黄
④	二酸化硫黄	一酸化窒素
⑤	二酸化硫黄	二酸化窒素
⑥	二酸化硫黄	水素

（オリジナル）

大学入学
共通テスト
実戦対策問題集
化学基礎

別冊
解答 ▶

旺文社

大学入学
共通テスト
実戦対策問題集

別冊
解答

化学基礎

旺文社

第1章 │ 物質の構成

1 　a：②　b：③

解説 ▶　単体とは1種類の元素からなる純物質，化合物とは2種類以上の元素から
なる純物質で，2種類以上の純物質からなるものが混合物である。判断基準としては，
以下のように**化学式で書いてみる**のがよい。

> **POINT**
>
> 物質 ┌ 純物質 ┌ 単体：元素記号1つで書ける（例：O_2）
> 　　　　　　　└ 化合物：元素記号2つ以上を用いて，化学式1つで
> 　　　　　　　　　　　　書ける（例：H_2O）
> 　　　└ 混合物：化学式2つ以上を用いて書ける
> 　　　　　　　　（例：食塩水は $NaCl$ と H_2O からなる）

① 　ダイヤモンド（C）も，黒鉛（C）も，いずれも単体。

② 　塩素（Cl_2）は単体，塩化ナトリウム（$NaCl$）は化合物。よって，これがaに当ては
まる。

③ 　塩化水素（HCl）は化合物，塩酸とは塩化水素が水に溶けたもの（HCl と H_2O）な
ので混合物。よって，これがbに当てはまる。

④ 　メタン（CH_4），エチレン（C_2H_4）ともに化合物。

⑤ 　希硫酸は硫酸が水に溶けたもの（H_2SO_4 と H_2O）なので混合物。アンモニア水も
また，アンモニアが水に溶けたもの（NH_3 と H_2O）なので混合物。物質名の先頭に
「希」，「濃」，「40％」などという濃さを表す言葉をつけたものや，物質名の末尾に
「水」と付くものは，いずれも水溶液を意味する。

⑥ 　銑鉄とは，溶鉱炉でつくられる炭素（C）を4％程度含んだ鉄（Fe）であり，混合
物。海水もまた，塩化ナトリウムなどを含んだ水（$NaCl$ と H_2O）であり，混合物。

参考 　ほかに出題されやすい混合物として，

・食酢，炭酸水などの水溶液

・青銅，ジュラルミン，ステンレス鋼などの合金

・コンクリート，セメント，陶磁器，ガラスなどのセラミックス

・石油，植物油など身の回りで使われる油

などを覚えておきたい。

　また，俗名がついた化合物（純物質）として，ドライアイス（CO_2），石英（SiO_2），
水晶（SiO_2），生石灰（CaO），消石灰（$Ca(OH)_2$），石灰石（$CaCO_3$）などを覚えてお
きたい。

　なお，俗名がついた単体として，別冊解答 p.4 の POINT で取り上げた同素体の物
質名も覚えておきたい。

2 ⑤

解説 ▶ 揮発性（＝蒸発して気体になりやすい性質）の液体を取り出す操作を蒸留という。たとえば，海水を蒸留すれば純水を取り出すことができる。

① 温度計の役割は，枝付きフラスコからリービッヒ冷却器へと留出してくる物質の温度（＝沸点）を測ることである。したがって，温度計の球部は枝の位置とする。適切。

② 液体の量を多くしすぎると，沸騰時に液面が上がって，液体が直接リービッヒ冷却器に流れ込む（吹きこぼれる）。したがって液体の量は，枝付きフラスコの半分以下にする。適切。

③ 沸騰させるときは，突沸を防ぐため沸騰石を加える。適切。

④ 冷却器全体に冷却水を満たして冷却効率を高めるために，冷却水は下から上に向かって流す。適切。

⑤ 装置全体を密閉して加熱すると，発生した蒸気によって装置内の圧力が高まり，破裂する。不適切。適切に蒸留を行うには，最も蒸気が少ないアダプターと受け器（ここでは三角フラスコ）の間は，密閉せず空けておく必要がある。

POINT	蒸留装置の注意点

- 温度計の球部…枝の位置
- 枝付きフラスコに入れる液体…量は半分以下
- 突沸の防止…沸騰石を入れる
- リービッヒ冷却器に流す冷却水…下から上へ
- アダプターと受け器の間…密閉しない

  アルミニウム箔で覆う程度にする

3　④

解説 ▶　①　炭素の同素体のうち，黒鉛は電気伝導性をもつ。正しい。
②　リンPの同素体には，安定で無毒な赤リンと，空気中で自然発火する猛毒の黄リンとがある。正しい。
③　硫黄の同素体には，斜方硫黄，単斜硫黄，ゴム状硫黄があり，ゴム状硫黄にはゴムに似た弾性がある。正しい。
④　水素 ^1H と重水素 ^2H は，互いに同位体である。同素体ではない。誤り。**同位体は，原子という微粒子について分類したもの**で，原子番号（＝化学的性質）が同じで質量数（＝物理的性質）が違うものを区別したものである。一方，**同素体は，単体という見たり扱ったりできる物質について分類したもの**で，同じ元素からなるが，原子のつながり方や結晶構造が違うために，違う性質（＝別物）となったものを指す。
⑤　オゾン O_3 と酸素 O_2 は，いずれも酸素Oという同じ元素からできた単体なので，互いに同素体である。正しい。
⑥　炭素Cの同素体には，ダイヤモンド，黒鉛のほかに，サッカーボール状の球状分子フラーレン（C_{60} など）や，筒状の分子であるカーボンナノチューブなどがある。正しい。

POINT

同素体：同じ元素からなるが，性質が異なる単体

元素	単体（同素体）
S（硫黄）	斜方硫黄，単斜硫黄，ゴム状硫黄
C（炭素）	ダイヤモンド，黒鉛，フラーレン，カーボンナノチューブ（ダイヤモンドは硬く，電気を導かない 黒鉛はやわらかく，電気を導く）
O（酸素）	酸素 O_2，オゾン O_3
P（リン）	黄リン，赤リン

4 問1　a：⑤　b：①　問2　④

解説▶ 問1　a　**典型元素（1, 2, 12〜18 族）の最外殻電子の数は，族番号の 1 の位の数字に一致する**（ただし，ヘリウム He の最外殻電子の数は 2）。

　図の原子は，最外殻に 5 つの電子（• で表されている）をもつから，15 族の元素とわかる。選択肢より，リン P が当てはまる。

　b　**原子が電子を授受してできる荷電粒子をイオンという。**銅(II)イオン Cu^{2+} は，銅原子 Cu が電子 e^- を 2 個放出したものである。放出前の $^{65}_{29}Cu$ には，陽子と電子が各々 29 個（左下に書く原子番号と同数）あるから，放出後の電子の数は，$29-2=27$〔個〕**答**

　なお，左上の「65」は質量数であり，「陽子の数＋中性子の数」を表す。つまり，$^{65}_{29}Cu$ の中性子の数は，$65-29=36$〔個〕である。

問2　①　$^{16}_{8}O$ の陽子の数は 8 個，中性子の数は $16-8=8$〔個〕。正しい。

　②　$^{12}_{6}C$ と $^{13}_{6}C$ は，原子番号が等しく質量数（中性子の数）だけが異なる同位体である。同位体の化学的性質は（ほぼ）等しい。正しい。

　③　周期表の第 2 周期元素の真下にある第 3 周期元素は，原子番号が 8 だけ大きい。よって，陽子の数も 8 だけ多い。たとえば，16 族の第 2 周期は $_8O$（原子番号 8），第 3 周期は $_{16}S$（原子番号 16）である。正しい。

　④　原子の質量は，原子番号ではなく質量数（陽子の数＋中性子の数）に比例する。誤り。

　⑤　すべてではないが，多くの元素には，②で述べた同位体が存在する。正しい。

POINT

$^{13}_{6}C$

― 質量数（＝陽子の数＋中性子の数）
⇒ 物理的性質を表す
原子番号（＝陽子の数＝原子に含まれる電子の数）
⇒ 化学的性質を表す

（イオンになると電子は増減する）

同位体：原子番号（＝化学的性質）が等しく，質量数（＝物理的性質）が異なる（例：$^{12}_{6}C$ と $^{13}_{6}C$）

周期表

最外殻電子 5 個

周期＼族	1	2	13	14	15	16	17	18
最外殻 K 殻→1	$_1H$							$_2He$
最外殻 L 殻→2	$_3Li$	$_4Be$	$_5B$	$_6C$	$_7N$	$_8O$	$_9F$	$_{10}Ne$
最外殻 M 殻→3	$_{11}Na$	$_{12}Mg$	$_{13}Al$	$_{14}Si$	$_{15}P$	$_{16}S$	$_{17}Cl$	$_{18}Ar$

族：1 の位が最外殻電子の数を表す
（ただし，ヘリウム He の最外殻電子の数は 2 個。
また，第 4 周期以下に存在する遷移元素の最外殻電子の数は原則 2 個で一定。）
周期：最外殻が，内側から何番目の電子殻にあるのかを表す

5　問1　⑤　　問2　③

解説 ▶　問1　① 電子は，18個目までは内側の電子殻から順番に入っていく。ナトリウム Na の原子番号（＝原子に含まれる電子の数）は 11 なので，以下のような電子配置になる。（ ）内が電子の数である。

$_{11}$Na：K殻(2)，L殻(8)，M殻(1)
↑　　　　↑ 8個まで入る
最も内側の電子殻。2個まで入る

K殻の電子の数は2個なので正しい。

② $_{12}$Mg：K殻(2)，L殻(8)，M殻(2)

なので，正しい。

③ イオンになる前の Li 原子の電子配置は，

$_3$Li：K殻(2)，L殻(1)

である。リチウムイオン Li$^+$ は，Li 原子の最外殻から電子を1個放出してできた陽イオンであり，その電子配置は，

$_3$Li$^+$：K殻(2)

である。これは，ヘリウム原子 $_2$He と同じ電子配置である。正しい。

$_2$He：K殻(2)

このように，**典型元素の原子は，最外殻の電子を授受してイオンになることにより，貴（希）ガス（He，Ne，Ar 等）と同じ安定な電子配置になろうとする。**

④ $_{20}$Ca 原子の電子配置は，

$_{20}$Ca：K殻(2)，L殻(8)，M殻(8)，N殻(2)

> M殻は最大で18個まで電子が入るが，8個入った時点でいったんN殻に2個まで電子が入る

Ca 原子が電子を2個放出して生じる Ca^{2+} の電子配置は，

$_{20}$Ca^{2+}：K殻(2)，L殻(8)，M殻(8)

これは $_{18}$Ar 原子の電子配置に等しい。正しい。

$_{18}$Ar：K殻(2)，L殻(8)，M殻(8)

⑤ **価電子とは，最外殻電子のうち，化学結合に関与しうる電子のことをいう。**貴ガス以外の元素は，

価電子の数＝最外殻電子の数

である。貴ガスは化学結合を行わないので，

貴ガスの価電子の数＝0

である（最外殻電子の数は，He：2個，他の貴ガス：8個）。

$_9$F：K殻(2)，L殻(7)

より，フッ素 F の価電子の数は6ではなく7個。誤り。

⑥ $_{14}$Si：K殻(2)，L殻(8)，M殻(4)

なので，正しい。

問2 ① アルカリ金属とは，周期表1族のLi以下の元素をいう。aは陽子の数が3個なので $_3Li$ であり，1族なので最外殻電子が1個である。正しい。

② 同じ族に属する典型元素は，価電子の数が等しい。b（陽子の数が6個だから $_6C$）とf（陽子の数が14個だから $_{14}Si$）は，いずれも価電子の数が4個なので同族元素である。正しい。

③ イオン化エネルギーとは，「陽イオンへのなりにくさ」を表す数値であり，周期表上では，貴ガス（18族）を含めて，右側や上側の元素ほど大きな値となる傾向にある。cは陽子の数が9個だから，17族の $_9F$ である。これに対し，dは陽子の数が10個だから，18族の $_{10}Ne$ である。両者は同じ第2周期の元素だから，周期表上でより右側のd（Ne）のほうがさらにイオン化エネルギーが大きい。誤り。

なお，電子親和力（陰イオンへのなりやすさ）であれば，a～fの中ではcが最大である。

④ e（陽子の数が12個だから $_{12}Mg$）もf（$_{14}Si$）も，最外殻が内側から3つ目のM殻にある原子なので，第3周期に属する。正しい。

⑤ e（$_{12}Mg$）は，最外殻電子2個を放出して，2価の陽イオンであるマグネシウムイオン Mg^{2+} になりやすい。正しい。

POINT

〈電子殻〉

内側からK殻(2)，L殻(8)，M殻(18)，N殻(32)，…

（　）内は電子の最大収容数

〈原子の電子配置〉

18個目までは，電子は内側の電子殻から順に収容される。

（19個目と20個目は，N殻に入る）

〈イオンの電子配置〉

典型元素のイオンの電子配置は，最も原子番号が近い貴ガスの電子配置に等しい。

1族の原子：1価の陽イオンになりやすい

2族の原子：2価の陽イオンになりやすい

13族の原子：3価の陽イオンになりやすい

16族の原子：2価の陰イオンになりやすい

17族の原子：1価の陰イオンになりやすい

〈イオン化エネルギー〉

陽イオンへのなりにくさを表す数値。

18族を含めて，周期表上で右または上に行くほど大きい傾向。

〈電子親和力〉

陰イオンへのなりやすさを表す数値。

18族を除いて，周期表上で右または上に行くほど大きい傾向。

6　③

解説 ▶　① 「水は水素と酸素から構成」とは，水分子の成り立ちを示しており，「水分子は水素**という種類の原子**と酸素**という種類の原子**からできている」という意味である。よって元素の意味。

　　「カルシウムは骨や歯に含まれる」も，骨や歯の成り立ちを示しており，「カルシウム**という種類の原子**が含まれる」という意味だから，元素の意味。決して，骨に銀光りしたカルシウムの結晶（単体）が入っているわけではない。

② 「水素と窒素からアンモニアを合成」という文は，①とは似て非なるもので，「水素（**分子**）と窒素（**分子**）をもってきて反応させればアンモニア（**分子**）ができる」という意味であり，**我々が扱える物質**の意味で使っているから単体の意味。

　　「硬水にはマグネシウム…」は，硬水の成分（原材料）を表している。「硬水にはマグネシウムという種類の原子が（単体ではなくイオンの形で）含まれている」という意味なので，元素の意味。決して，硬水に銀光りしたマグネシウムの結晶（単体）がごろごろと入っているという意味ではない。

③ 「カリウムは植物の生育に欠かせない」のカリウムは，「カリウム**という種類の原子**が欠かせない」という元素の意味。

　　「窒素の沸点は $-196\,^\circ\mathrm{C}$」とは，「気体の窒素**分子**は $-196\,^\circ\mathrm{C}$ 以下では分子間力で集まって液体になる」という意味で，**我々が扱える物質**の意味なので単体の意味。よって，答えは③ 答

④ 「酸素は地殻に含まれる」の酸素は，「地殻には酸素**という種類の原子**が含まれ，他の種類の原子と結び付いて鉱物や岩石，土という物質をつくっている」という意味なので元素の意味。土の中に O_2 分子（単体）が入っているという意味ではない。

　　「グルコースは…」も，物質を構成する**原子の種類**を指しており，元素の意味。

⑤ 「塩素は標準状態において気体である」は，「塩素**分子**は気体で存在する」の意味なので，見たり扱ったりできる単体の意味。

　　「水を電気分解すると，酸素と水素が生成する」は，「水を電気分解すると，一方の極から酸素**分子**が気体となって発生する」の意味である。物質の構成をいっているのではなく，生成物のことをいっているので，見たり扱ったりできる単体の意味。

POINT

元素：物質を構成する粒子（原子）の種類を表す言葉
（原子番号別にみた原子の種類）

> 元素名の語尾に，「という種類の原子」と付けて意味が通ることが多い（酸素という種類の原子など）

単体：一種類の粒子（原子）が結び付いて，ひとかたまりの，見たり扱ったりできる物質になったもの
（一種類の元素からなる純物質）

> 単体名の語尾に，「分子」または「の結晶」と付けて意味が通ることが多い（鉄の結晶など）

7　③

解説 ▶ 　**固体では構成粒子が定まった位置に固定**され，温度に応じた熱運動（振動運動）を行っている。これに熱をかけて温度を上昇させると，融点とよばれる温度で液体に変わる。**液体になると，構成粒子どうしの結び付きがゆるくなり**，各粒子は位置を入れ替われるようになる。さらに熱をかけて温度を上昇させると，沸点とよばれる温度で気体に変わる。**気体になると，構成粒子どうしの結び付きは完全に切断され**，各粒子は激しく熱運動しながら空間を飛び回る。

POINT　状態変化の名称

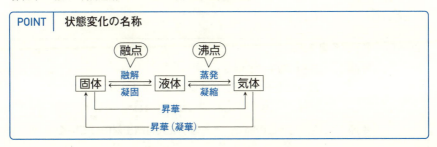

8　①と③

解説 ▶　① たとえば塩化ナトリウム NaCl は，Na⁺ と Cl⁻ が静電気的な引力で結び付いている。このような結合をイオン結合という。正しい。

② イオン結合は，金属元素（陽イオンになりやすい）と非金属元素（陰イオンになりやすい）の原子間でつくられる。誤り。

③ 非金属元素の原子どうしが，不対電子を出し合うことにより共有電子対を形成し，これを共有することによってつくられる結合を共有結合という。正しい。

④ すべての電子ではなく，金属元素の原子の価電子が，自由電子になる。誤り。この自由電子は，結晶中の全原子によって共有される。

⑤ 配位結合は，共有結合とはつくられ方が違うが，つくられた後は共有結合と同じ性質になり，区別がつかなくなる。誤り。

9　②

解説 ▶　各々の電子式は以下のとおりであり，②の N_2 が当てはまる。NO の電子式は書けなくてよい。NO が当てはまらないことは，最外殻電子の数の合計が違うことからわかる（XZ は 10 個，NO は 5＋6＝11 個）。

① H:C̈l:　② :N⋮⋮N:　③ ·N̈::Ö:

④ :Ö::Ö:　⑤ :F̈:F̈:

POINT	電子式の書き方

手順1 原子の電子式を書く
（最外殻電子を，四方に1個ずつ2回りで書く）

H·　·B·　·C·　·N̈·　:Ö·　:F̈·

手順2 結合相手との間で，不対電子を共有電子対にしていく

H· + :C̈l: ⟶ H:C̈l:　　:N̈· + ·N̈: ⟶ :N⋮⋮N:

:Ö· + ·Ö: ⟶ :Ö::Ö:　　:F̈· + ·F̈: ⟶ :F̈:F̈:

10 a：④　b：①

解説 ▶ 各々の電子式と共有電子対，非共有電子対は以下のとおり。

	共有電子対	非共有電子対
① H:Ö:H	2組	2組
② [:Ö:H]⁻	1組	3組
③ H:N:H（H）	3組	1組
④ [H:N:H（H,H）]⁺	4組	0組
⑤ :Ö:C:Ö:	4組	4組
⑥ :Cl:Cl:	1組	6組

よって，a に当てはまるものは④，b に当てはまるものは① **答**

11 問1 ③　問2 ③　問3 a：④　b：②

解説 ▶ **問1** 共有結合の共有電子対は，電気陰性度のより大きな原子のほうに引き付けられる。これにより，結合に極性が生じる。**電気陰性度とは，共有電子対を引き寄せる力の強さ**であり，周期表上では，18族（貴ガス）を除いて右上の元素ほど大きい。したがって，最も電気陰性度が大きな元素はフッ素Fであり，炭素Cとの電気陰性度の差も，選択肢内で最大になる。よって，答えは③ **答**

	14族	15族	16族	17族
元素	C	N	O	F
電気陰性度	2.6	3.0	3.4	4.0
				Cl 3.2
				Br 3.0

周期表の右上に
行くほど大きくなる
（17族が最大）

C —:Ö:— F

C-F 結合の共有電子対は

⇩

C —:Ö:— F

より電気陰性度の大きなF原子
の方に引き寄せられる

⇩

$\delta+$ C —— F $\delta-$

C-F 結合は極性をもつ

δ＋：わずかに正に帯電
δ－：わずかに負に帯電

問2 選択肢の分子について，電子式と分子構造を示すと以下のとおり。

		電子式	分子構造
ア	CO_2 二酸化炭素	:Ö::C::Ö: 反発し合って正反対の向きに伸びる	O=C=O 直線形
イ	Cl_2 塩素	:Cl::Cl:	Cl–Cl 直線形
ウ	NH_3 アンモニア	H:N:H H この4組の電子対が反発し合って 離れ合う	H–N–H H 三角錐形
エ	H_2 水素	H:H	H–H 直線形
オ	H_2O 水	O:H H この4組の電子対が反発し合って 離れ合う	H–O–H 折れ線形
カ	CH_4 メタン	H H:C:H H この4組の電子対が反発し合って 離れ合う	H C H H H 正四面体形

NH_3（ウ），H_2O（オ），CH_4（カ）は，いずれも中心の原子から共有，非共有電子対が合わせて4方向に伸びている。この4つは反発し合って，より離れ合う正四面体の頂点方向に伸びる。4つの頂点のうち，NH_3 は3か所に，H_2O は2か所に，CH_4 は4か所にH原子が結合している。したがって，原子の位置をたどっていくと，NH_3 は三角錐形，H_2O は折れ線形，CH_4 は正四面体形の構造になる。よって，答えは③ 答

問3 結合している2つの原子に電気陰性度の差があれば，その結合は極性をもつ。結合の極性（電子対を引き寄せる力）が，分子全体でも打ち消し合わないときは，分子全体でも極性をもつ。分子全体の極性の有無は，以下のように判別できる。

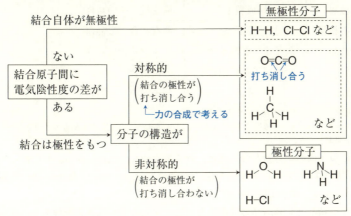

上記より，aに当てはまるのは Cl₂（イ）と H₂（エ），bに当てはまるのは CO₂（ア）と CH₄（カ）である。

POINT | **分子の構造と極性**

〈分子の構造〉

電子式を書き，中心の原子から電子対が何方向に伸びるかを見る（非共有電子対も含める）

⇩

- 二方向に伸びる：反対方向に伸びる
- 三方向に伸びる：正三角形の頂点方向に伸びる
- 四方向に伸びる：正四面体の頂点方向に伸びる

⇩

原子の位置をたどって分子の形を決める

四方向に
伸びる

（例）H:N:H ⇒ H:N:H ⇒ H-N-H 三角錐形
      H   H   H

〈分子の極性〉

結合の極性が，分子全体でも打ち消し合わなければ極性分子

電気陰性度大

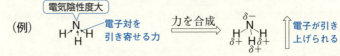

（例） N ←電子対を引き寄せる力 力を合成 → 電子が引き上げられる

12 ア：④ イ：② ウ：③ エ：① オ：⑥ カ：⑧ キ：⑤ ク：⑦

解説 ▶ 各結晶 (固体) の成り立ちを以下にまとめる。

結晶の種類	構成粒子	構成粒子間の結合
共有結合の結晶	原子	共有結合
イオン結晶	陽イオンと陰イオン	イオン結合
金属結晶	金属原子と自由電子	金属結合 *1
分子結晶	分子	分子間力 *2

（結合の強弱：共有結合が強く、分子間力が弱い）

＊1 遷移元素の金属結合は，結合力がかなり強い。
＊2 ファンデルワールス力，極性分子間にはたらく弱い静電気的引力，水素結合の3つを合わせて分子間力という。

一般に，構成粒子間の結合力が強いほど，硬くて高融点の結晶になる。したがって，共有結合の結晶の性質 (ア) は，「硬くて融点が極めて高い」の④，分子結晶の性質 (エ) は，「やわらかく，融点が低い」の①となる。

さらに，イオン結晶と金属結晶の導電性と，たたいたときの性質を整理する。

結晶の種類	導電性 (電気伝導性)	たたくと
イオン結晶	固体：なし 液体や水溶液：あり	割れる (硬いがもろい)
金属結晶	固体，液体ともにあり	割れずに変形する (展性・延性あり)

したがって，イオン結晶の性質 (イ) は②，金属結晶の性質 (ウ) は③となる。
最後に，4種の結晶の分類法をまとめる。

構成元素	結晶
金属元素と非金属元素	イオン結晶
金属元素のみ	金属結晶
非金属元素のみ	分子結晶か 共有結合の結晶 *3

アンモニウム塩 (NH_4Cl など) もイオン結晶

＊3 共有結合の結晶は，ダイヤモンド (C)，黒鉛 (C)，ケイ素 (Si)，二酸化ケイ素 (SiO_2) を覚えておく。これらとアンモニウム塩以外の，非金属のみからなる物質は分子結晶であると判断すればよい。

選択肢の物質を化学式で表し分類すると，

⑤ Ca (カルシウム) は，金属元素だから金属結晶 (キ)

⑥ C (ダイヤモンド) は，共有結合の結晶 (オ)

⑦ I_2 (ヨウ素) は，非金属元素のみからなり，アンモニウム塩でも共有結合の結晶でもないから分子結晶 (ク)

⑧ NaCl (塩化ナトリウム) は，金属元素と非金属元素からなるのでイオン結晶 (カ)

> **POINT** | 結晶の性質
>
> 結合力が強い（＝硬くて高融点）順に，
> 　共有結合＞イオン結合＞金属結合＞分子間力　の傾向
> 金属結晶：固体でも導電性あり
> 　　　　　展性・延性あり
> イオン結晶：液体，水溶液なら導電性あり
> 結晶の分類：構成元素が金属元素か非金属元素かを見て判断

13 ①

解説 ▶ ここでのベンゼンとは，有機溶媒（いわゆる油）のことである。各結晶の溶解性をまとめると以下のとおり。

	水に	ベンゼン（有機溶媒）に
共有結合の結晶	溶けない	溶けない
イオン結晶	溶けるものが多い	溶けない
金属結晶	溶けない*1	溶けない
分子結晶	溶けるものもある*2	溶けるものが多い

*1 アルカリ金属やアルカリ土類金属は，水と反応して水酸化物（イオン結晶）に変化したうえで溶ける。
*2 極性の大きな分子は水に溶ける。

ヨウ素（I_2）は，非金属元素のみからなるので分子結晶であり，ベンゼンに溶ける。無極性分子なので水には溶けない。よって，b が当てはまる。

塩化ナトリウム（NaCl）は，金属元素と非金属元素からなるイオン結晶であり，水に溶ける。ベンゼンには溶けない。よって，a が当てはまる。

塩化銀（AgCl）はイオン結晶だが，水にもベンゼンにも溶けない。よって，d が当てはまる。

化学基礎では，水に溶けないイオン結晶として以下の3つを覚えておきたい。

> **POINT** | 水に溶けないイオン結晶
>
> ・塩化銀 AgCl（白色沈殿）
> ・炭酸カルシウム $CaCO_3$（白色沈殿）
> ・硫酸バリウム $BaSO_4$（白色沈殿）

14 問1 ⑦ 問2 a：⑤ b：⑦ c：①と④

解説 ▶ **問1** 単一の物質を純物質といい，2種以上の純物質が混じり合ったもの
を混合物という。見分け方としては，「化学式1つで書けるものが純物質，化学式を
2つ以上用いて表すものが混合物」と理解するとよい（ **1** の解説も参照するこ
と）。水は H_2O だが，海水は H_2O，$NaCl$ などからなる混合物である。取り出したい
純物質を加熱し蒸発させ，別なところに凝縮させて分け取る方法を蒸留という。

問2 **a・b** **実験1**では，ヨウ素などの昇華性物質を加熱し昇華させ取り出してい
る。昇華という分離法である。丸底フラスコの冷水は，蒸気になったヨウ素を再
び昇華させ固体に戻すための冷却剤である。物質Aはヨウ素である。

　　　実験2はろ過である。物質Bは，水に溶けない炭酸カルシウムである。

　　　実験3は再結晶である。取り出したい物質をいったん完全に溶媒に溶かしてお
き，冷却等によって溶けきれなくさせ，もう一度結晶を析出させる方法である。

c 物質Cと物質Dは，それぞれ残りの硝酸カリウムと塩化ナトリウムのいずれか
である。①〜④の操作を行ったときの結果を以下に示す。

	硝酸カリウム KNO_3	塩化ナトリウム $NaCl$
① 硝酸銀 $AgNO_3$ 水溶液を加える	変化なし	塩化銀 $AgCl$ の白色沈殿を生じる
② 塩酸 HCl を加える*1	変化なし	変化なし
③ デンプン水溶液を加える*2	変化なし	変化なし
④ 炎色反応を見る	K^+ が赤紫色の炎色反応を示す	Na^+ が黄色の炎色反応を示す

　*1 炭酸カルシウム $CaCO_3$ であれば，二酸化炭素 CO_2 の泡を発して溶ける。
　*2 ヨウ素 I_2 であれば，青紫色に呈色する。

両者を区別できるのは①と④である。

ちなみに，塩化ナトリウムは温度変化による溶解度の変化が非常に小さく，冷
却による再結晶では析出しにくいという事実から，物質Cは硝酸カリウムで，物
質Dは塩化ナトリウムと推測することもできる。

この問題のねらい

　純物質の分離を題材とした問題。分離法に関する知識の確認から始まり，新奇な混合物の分離を考察するところへ結びつけている。最終的には元素の検出の知識と組み合わせることにより，4種のすべての物質を分離し確認するところまでが1つのストーリーとして完結するようになっている。共通テストでは，このように1つの事象を題材にして，他の単元の関連知識にも触れながら，思考力を問う問題が出題されると予想されるため，本問を用意した。

15　問1　③　　問2　X：②と④　Y：⑥と⑧

解説 ▶　問1　ラジウムは2族のアルカリ土類金属に分類される元素であり，イオン化傾向が大きく化合物をつくりやすい。単体の形にするためには，化合物中のラジウムイオンに電子を与える「還元」という操作を行わなければならないが，イオン化傾向の大きな元素は還元されにくい。キュリー夫人は苦労してラジウムの化合物から単体を取り出した。

問2　まず，選択肢の①〜⑧がどの元素を指すのかをわかる必要がある。
① 第3周期，2族の Mg
② K殻に2個，L殻に4個電子をもつ C
③ K殻に2個，L殻に5個電子をもつ N
④ 原子番号3の Li と同族で第3周期の元素だから Na
⑤ 1個電子を受け取ると $_{10}$Ne と同じ電子配置になる元素だから $_9$F
⑥ 電気陰性度が最も大きい族は17族だから Cl
⑦ イオン化エネルギーが最も小さい族は1族だから K
⑧ 2個電子を放出すると $_{18}$Ar と同じ電子配置になる元素だから $_{20}$Ca

　実験2により，Xには黄色の炎色反応を示す Na が，Yには橙色の炎色反応を示す Ca が含まれるとわかる。

　実験3より，Xには炭酸イオン CO_3^{2-} または炭酸水素イオン HCO_3^- が含まれるとわかる。石灰水を白濁した気体は二酸化炭素 CO_2 である。

　実験4より，Yには塩化物イオン Cl^- が含まれるとわかる。Cl^- は，Ag^+ と結び付いて AgCl の白色沈殿を生じる。

　実験1より，Xに含まれるのは CO_3^{2-} のほうだとわかる。X（Na_2CO_3）と Y（$CaCl_2$）との反応で，$CaCO_3$ の白色沈殿が生じるからである。

　よって，Xの正体は炭酸ナトリウム Na_2CO_3 であり，含まれる酸素以外の元素は Na と C である。

　Yの正体は塩化カルシウム $CaCl_2$ であり，含まれる元素は Ca と Cl である。

📎 **この問題のねらい**

　原子と元素と単体のニュアンスの違いは，理解しにくいところである。本問では，キュリー夫人による新元素ラジウムの発見を題材にしながら，具体的に「原子」「元素」「単体」の言葉を使い分けるところを穴埋め形式で問い，化学用語の意味を正確に理解しているかどうかを試した。従来のセンター試験では，この内容は正誤問題の形で問われたのだが，共通テストではこのようにストーリー性をもって問われるものと予想し，本問を用意した。また，設問の内容を元素の検出や周期律に結び付けることにより，異なる単元の知識を活用して新奇な事象を考察する問題になっている。

16 問1 ア：② イ：① ウ：⑤ エ：④
  問2 a ② b ①と④ c キ：② ク：①

解説 ▶ **問1** 非金属元素のみからなる結晶は，共有結合の結晶か，または分子結晶をつくる（アンモニウム塩だけはイオン結晶）。共有結合の結晶であるダイヤモンドは非常に硬く，割れにくい。これは，共有結合がすべての化学結合で最も強い結合だからである。一方，分子結晶であるドライアイス（二酸化炭素の結晶）は，強度が小さく，たたくと割れる。これは，分子の内部の原子どうしは強い共有結合で結び付いているものの，分子と分子の間には分子間力という弱い結び付きしかはたらいておらず，分子どうしがばらばらになりやすいからである。

  これに対し，金属元素と非金属元素の原子が結び付いた結晶は，イオン結晶になる。

問2 **a** 黄鉄鉱は，金属元素である鉄 Fe と，非金属元素である硫黄 S とが結び付いた化合物（FeS_2）なので，上記よりイオン結晶と推定される。

b 一般にイオン結晶は，固体の状態では電気を導かないが，水溶液になったり，融解して液体になったりすれば電気を導く。イオンが移動して電気を運ぶことができるようになるからである。

c 金などの，金属元素のみからなる金属結晶は，たたいても割れることはなく，変形する。この性質は展性といわれ，金属結晶独特のものである。一方，黄鉄鉱などのイオン結晶は，硬いものの，強い力でたたけば割れる。

📎 この問題のねらい

  結晶の分類と性質について，2人の人物の会話を通して考察させる問題。最初に結晶の分類を整理することによって，その後2人が見つけた結晶を分類するための思考の道筋を提示している。共通テストでは，このように基本知識を問いながら新奇な事象の考察へと結びつけていく誘導形式の問題も出題されるのではないかと予想し，この問題を用意した。

第2章 物質量と濃度，酸・塩基

17 ③

解説 ▶ 同位体とは，原子番号（＝陽子の数）が等しく，質量数（＝陽子の数＋中性子の数）が違う原子である。**同位体別にみた原子1個の質量を相対質量といい，同位体混合物の，原子1個あたりの質量を原子量**という。原子量は以下の式で算出する。

> **POINT**
>
> $$原子量＝\left\{同位体の相対質量 \times \frac{存在比〔\%〕}{100}\right\} の和$$

^{41}K の存在比を x〔%〕とおくと，上式より，

$$39.10 = 38.96 \times \frac{100-x}{100} + 40.96 \times \frac{x}{100}$$

$x = 7.0$〔%〕 答

参考　この式がわかりにくければ，原子量を平均体重，同位体の相対質量を，男子または女子の体重と考えるとわかりやすい。60 kg の男子 70 人と 40 kg の女子 30 人からなる集団について，1 人あたりの平均体重を算出する式は，

$$平均体重 = \frac{60 \times 70 + 40 \times 30}{100}$$

$$= 60 \times \frac{70}{100} + 40 \times \frac{30}{100} = 54 〔kg〕$$

上式の $\dfrac{存在比〔\%〕}{100}$ に相当

化学という学問では，通常は同位体を区別しない。化学的性質が等しいからである。したがって，通常の化学の計算では，相対質量ではなく原子量を用いる。

18 ⑤

[解説]▶ 各選択肢の物質を化学式で書くと,

①SO_2, ②I_2, ③Fe, ④$MgCl_2$, ⑤$Al_2(SO_4)_3$, ⑥$Ca_3(PO_4)_2$

　①, ②は分子からなる物質であり, 分子間力のみを切断して生じる分子を最小単位としている。通常は, 1分子に含まれる原子の種類と個数を表す「分子式」で表現する。モル質量は, 分子式中の原子量を合計した「分子量」の数値に g/mol を付けたものになる。

① SO_2：$32+16\times2=64$〔g/mol〕

② I_2：$127\times2=254$〔g/mol〕

③は金属結晶であり, 構成粒子は金属原子なので, モル質量は原子量の値を用いる。

③ Fe：56〔g/mol〕

　④～⑥はイオン結晶であり, 構成粒子は陽イオンと陰イオンである。実際のイオン結晶では, イオンが切れ目なく …Na^+…Cl^-…Na^+…Cl^-… のように多数結び付いているので, イオンの種類と個数の比を最小の整数比で表した「組成式」で表現する。モル質量は, 組成式中の原子量を合計した「式量」の値を使う。

④ $MgCl_2$：$24+35.5\times2=95$〔g/mol〕

⑤ $Al_2(SO_4)_3$：$27\times2+96\times3=342$〔g/mol〕

⑥ $Ca_3(PO_4)_2$：$40\times3+95\times2=310$〔g/mol〕

　よって, 最もモル質量が大きいのは⑤ 答

POINT | 原子量とモル質量

原子量：原子1個の質量を, 1～数百の簡単な数値に置き換えたもの。

モル質量：1 mol の質量 g。原子量 g はかり取ったときの原子数を 1 mol としている。

分子からなる物質：分子式で表し, 分子量を用いる。

（分子式：1分子中の原子の種類と個数を表す化学式）

他の物質：組成式で表し, 式量（単体は原子量）を用いる。

（組成式：構成する原子の種類と個数の比を, 最小の整数比で表した化学式）

19　問1　④　　問2　④

解説 ▶　**問1**　各選択肢の物質量は，以下のとおり。

① 質量〔g〕をモル質量〔g/mol〕で割れば，物質量〔mol〕になる（右図の $\boxed{1}$）。水 H_2O の分子量は 18 なので，

$$\frac{27\,\text{〔g〕}}{18\,\text{〔g/mol〕}} = \underline{1.5\,\text{〔mol〕}}$$

```
┌──────────────┐
│   質量〔g〕    │
└──────────────┘
  $\boxed{1}$ ÷ モル質量
       〔g/mol〕
┌──────────────┐
│  物質量〔mol〕  │
└──────────────┘
```

② 鉄 Fe の原子量は 56 なので，①と同様に計算すると，

$$\frac{42\,\text{〔g〕}}{56\,\text{〔g/mol〕}} = \underline{0.75\,\text{〔mol〕}}$$

③ 塩化マグネシウム $MgCl_2$ の式量は 95 なので，

$$\frac{95\,\text{〔g〕}}{95\,\text{〔g/mol〕}} = \underline{1.0\,\text{〔mol〕}}$$

④ 標準状態の気体の体積〔L〕は，モル体積 22.4 L/mol で割れば物質量〔mol〕になる（右図の $\boxed{3}$）。

$$\frac{44.8\,\text{〔L〕}}{22.4\,\text{〔L/mol〕}} = \underline{2.00\,\text{〔mol〕}}$$

```
┌──────────────┐
│  気体の体積〔L〕 │
└──────────────┘
  $\boxed{3}$ ÷ モル体積*
       〔L/mol〕
┌──────────────┐
│  物質量〔mol〕  │
└──────────────┘
```

＊ 標準状態なら 22.4 L/mol

⑤ 個数は，アボガドロ定数〔/mol〕で割れば物質量〔mol〕になる（右図の $\boxed{2}$）。

$$\frac{5.4 \times 10^{23}}{6.0 \times 10^{23}\,\text{〔/mol〕}} = \underline{0.90\,\text{〔mol〕}}$$

```
┌──────────────┐
│     個数      │
└──────────────┘
  $\boxed{2}$ ÷ アボガドロ
       定数〔/mol〕
┌──────────────┐
│  物質量〔mol〕  │
└──────────────┘
```

⑥ モル濃度〔mol/L〕は，溶液 1 L あたりに含まれる溶質の物質量〔mol〕なので，溶液の体積〔L〕をかければ物質量〔mol〕になる（右図の「$\boxed{4}$の逆」）。

$$2.0\,\text{〔mol/L〕} \times \frac{800}{1000}\,\text{〔L〕} = 1.6\,\text{〔mol〕}$$

```
┌──────────────┐
│    溶質の     │
│  物質量〔mol〕  │
└──────────────┘
 $\boxed{4}$の逆 ×溶液の
        体積〔L〕
┌──────────────┐
│   モル濃度    │
│   〔mol/L〕   │
└──────────────┘
```

よって，最も物質量の値が大きいものは④ 答
$\boxed{1}$～$\boxed{4}$について，くわしくは，**20** の解説を参照のこと。

問2 各選択肢の下線部に示す粒子の数を比較するには，それぞれの粒子の数を物質量〔mol〕に換算して比較すればよい。

キャラメルの箱の数とその中身の数が違うように，分子の数と，その中に含まれる原子の数は違う。どの数を指しているのかを区別する必要があることに注意する。

① 標準状態で 22.4 L の (気体の) アンモニア NH_3 は 1.0 mol である。これは，N 原子 1 個と H 原子 3 個からなる分子が 1.0 mol 存在するという意味なので，H 原子は 3 倍の 3.0 mol 存在する。たとえば，消しゴム 1 個と鉛筆 3 本とが入った袋が 1 ダースあるのなら，消しゴムは 1 ダース，鉛筆は 3 ダースあるのと同じことである。

② メタン CH_4 1 分子に H 原子は 4 原子含まれるから，CH_4 分子 x mol に H 原子が 10 mol 含まれるとして，

$$\frac{\text{H 原子数}}{CH_4 \text{分子数}} = \frac{4}{1} = \frac{10}{x} \qquad x = 2.5 \, \text{〔mol〕}$$

個数の比　物質量の比

③ ヘリウム $_2He$ 原子 1 個は 2 個の電子をもつから，

$1.2 \times 2 = 2.4$ 〔mol〕

④ 塩化カルシウム $CaCl_2$ 1 組は，カルシウムイオン Ca^{2+} 1 個と塩化物イオン Cl^- 2 個からなるので，

前ページ「④の逆」の計算

1.0 〔mol/L〕 $\times$ 2.0 〔L〕 $\times 2 = 4.0$ 〔mol〕

$CaCl_2$ の物質量〔mol〕

Cl^- の物質量〔mol〕

⑤ 黒鉛は炭素の単体。炭素のモル質量を使えば，炭素原子の物質量が算出されるから，

$$\frac{42 \, \text{〔g〕}}{12 \, \text{〔g/mol〕}} = 3.5 \, \text{〔mol〕} \quad （前ページ①の計算）$$

⑥ 硫酸 H_2SO_4 1 分子に，O 原子は 4 個ある。酸素原子 4.8×10^{24} 個は，

$$\frac{4.8 \times 10^{24}}{6.0 \times 10^{23} \, \text{〔/mol〕}} = 8.0 \, \text{〔mol〕} \quad （前ページ②の計算）$$

だから，硫酸分子の物質量を x〔mol〕とすると，

$$\frac{\text{O 原子数}}{H_2SO_4 \text{分子数}} = \frac{4}{1} = \frac{8.0}{x} \qquad x = 2.0 \, \text{〔mol〕}$$

個数の比　物質量の比

物質量〔mol〕が大きいほど個数(物質量〔mol〕×アボガドロ定数〔/mol〕)も多いから，数値が最も大きいものは④ 答

20 問1 ① 問2 ② 問3 ① 問4 ③ 問5 ⑤

解説▶ **19** の4種の計算をまとめると以下のようになる。各計算操作を①~④とおく。

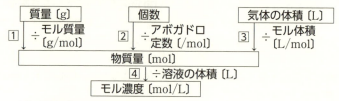

①~④を式にすると以下のとおり。

① $\dfrac{質量〔g〕}{モル質量〔g/mol〕}$＝物質量〔mol〕

② $\dfrac{(原子や分子などの)個数}{アボガドロ定数〔/mol〕}$＝物質量〔mol〕

③ $\dfrac{気体の体積〔L〕}{モル体積〔L/mol〕}$＝物質量〔mol〕

④ $\dfrac{物質量〔mol〕}{溶液の体積〔L〕}$＝モル濃度〔mol/L〕

上図の矢印の逆向きに計算するときは，÷と×を入れ替えればよい。たとえば④の逆は下式になる。

モル濃度〔mol/L〕×溶液の体積〔L〕＝物質量〔mol〕

問1 質量〔g〕から個数を求めるのだから，上の図「① ⇨ ②の逆」の順に計算すればよい。エタノールの分子量は $12×2+1.0×6+16＝46$ なので，

$$\underbrace{\dfrac{9.2〔g〕}{46〔g/mol〕}}_{\substack{\text{エタノール分子}\\ \text{の物質量〔mol〕}}}×6.0×10^{23}〔/mol〕＝1.2×10^{23}$$

よって，求める分子数は **$1.2×10^{23}$〔個〕** 答

問2 質量〔g〕から気体の体積を求めるのだから，上の図「① ⇨ ③の逆」の順に計算すればよい。分子量を M とおくと，

$$\underbrace{\dfrac{1〔g〕}{M〔g/mol〕}}_{物質量〔mol〕}×22.4〔L/mol〕＝\dfrac{22.4}{M}〔L〕$$

分子量 M が小さいほど，気体の体積は大きいとわかる。①~④の分子量を求めると，

① $16×2＝32$　　② $12+1.0×4＝16$

③ $14+16＝30$　　④ $1.0×2+32＝34$

よって，体積が最も大きい物質は，分子量が最も小さい② 答

問3　塩化水素とは純粋な気体の HCl で，純物質である。一方，塩酸とは HCl を水に溶かした水溶液のことであり，混合物である。ここでは気体の体積〔L〕から水溶液のモル濃度〔mol/L〕を求めるのだから，前ページの図「③⇨④」の順に計算すればよい。

$$\underset{\text{HCl の物質量〔mol〕}}{\underline{\frac{6.72\,\text{〔L〕}}{22.4\,\text{〔L/mol〕}}}}\div 6.0\,\text{〔L〕}=\mathbf{5.0\times10^{-2}\,\text{〔mol/L〕}}\ \text{答}$$

問4　分子量 18 の物質 100 g 中の分子数を x とおくと，前ページの図「①⇨②の逆」の順に計算すればよいが，アボガドロ定数（y〔/mol〕とおく）が必要になる。

$$\underset{\text{物質量〔mol〕}}{\underline{\frac{100\,\text{〔g〕}}{18\,\text{〔g/mol〕}}}}\times y\,\text{〔/mol〕}=\underset{\text{分子数}}{x}\quad\cdots\cdots(1)$$

そこで，分子量 M，1 g，個数 N を使ってもう1つ同様の式をたてると，

$$\frac{1\,\text{〔g〕}}{M\,\text{〔g/mol〕}}\times y\,\text{〔/mol〕}=N\quad\cdots\cdots(2)$$

(1)，(2)式より y を消去すると，

$$x=\frac{100MN}{18}\ \text{答}$$

問5　気体の体積〔L〕から質量〔g〕を算出する。体積を V〔L〕，モル体積を V_{m}〔L/mol〕，分子量を M〔g/mol〕とおくと，前ページの図「③⇨①の逆」より質量 w〔g〕は，

$$\underset{\text{気体の物質量〔mol〕}}{\underline{\frac{V\,\text{〔L〕}}{V_{\mathrm{m}}\,\text{〔L/mol〕}}}}\times M\,\text{〔g/mol〕}=w\,\text{〔g〕}$$

よって，$w=\dfrac{MV}{V_{\mathrm{m}}}$

同温・同圧なら，気体の体積は物質量に比例するから，質量 w〔g〕が最も大きい気体は，MV（モル質量×気体の体積）の値が最も大きいものになる。

$$M\,\text{値}\times V\,\text{値}=MV\,\text{値}$$

① アルゴン Ar ………… 40 × 1.0 = 40
② 二酸化炭素 CO_2 ……… 44 × 1.0 = 44
③ 水素 H_2 ……………… 2.0 × 3.0 = 6.0
④ メタン CH_4 ………… 16 × 3.0 = 48
⑤ アンモニア NH_3 …… 17 × 3.0 = 51

よって，質量 w〔g〕が最も大きいのは⑤ 答

21　④

解説 ▶ **化学式中の個数の比は，結び付いている原子の物質量比に等しい。**Aの組成式を XO_x とおき，質量組成を整理すると，

A

X	O_x

←── 3.20 g ──→

⇩　還元

X

1.92 g

もとのA 3.20 g のうち，X原子は1.92 g を占めていることがわかる。O原子の質量は，

$$3.20-1.92=1.28 〔g〕$$

なので，これを物質量比に直すと，

$$X:O=\frac{1.92}{48}:\frac{1.28}{16}=1:x \qquad x=2$$

よって，Aの組成式は XO_2 🔵

22　問1　③　　問2　①

解説 ▶ **問1**　化学反応式の右辺と左辺で，原子の種類と数は合っている。簡単な反応式であれば，どこか1つの化学式の係数を1とおき，他の係数を決めていくことができる。分数係数が生じた場合は，最後に係数全体を整数倍して最小の整数比にする。もし，それで決まらないときは，以下に示すように係数を未知数で置き，各元素について等式を立てる。いずれにしても，どこか1か所の係数は最初に1なら1と決める必要がある。

$$\underline{C_2H_4O_2} + aO_2 \longrightarrow bCO_2 + cH_2O$$

└─ この化学式の係数を1とおく

左辺のC原子数＝右辺のC原子数より，$2=b$

左辺のH原子数＝右辺のH原子数より，$4=2c$

左辺のO原子数＝右辺のO原子数より，$2+2a=2b+c$

以上より，$a=2$，$b=2$，$c=2$

これに当てはまる選択肢は③ 🔵

なお，O_2 と結び付く反応（燃焼反応）の場合は，燃焼する物質の係数を1などとおき，O_2 の係数を最後に決めれば簡単に係数を求められる。

問2　化学反応式の係数比は，反応，生成する個数の比（＝物質量の比）を表す。つまり，

> 係数比＝（反応，生成する）物質量の比

である。

　プロパン C_3H_8 の燃焼反応の反応式を書く。燃焼とは，O_2 と反応して CO_2 や H_2O が生じる反応だから，

$$C_3H_8 + aO_2 \longrightarrow bCO_2 + cH_2O$$

この化学式の係数を1とおく

　C原子数について，$3=b$

　H原子数について，$8=2c$

　O原子数について，$2a=2b+c$

以上より，$a=5$，$b=3$，$c=4$ となり，反応式は，

$$C_3H_8 + 5O_2 \longrightarrow 3CO_2 + 4H_2O$$

　この係数より，もしもプロパン C_3H_8 が1mol燃焼したら，O_2 は5mol消費され，CO_2 は3mol，H_2O は4mol生成することがわかる。この問題では C_3H_8 は2mol燃焼するので，各々2倍して，O_2 は10mol消費，CO_2 は6mol生成，H_2O は8mol生成するとわかる。よって，当てはまる選択肢は①　**答**

POINT　化学反応式の係数の付け方

　手順1　最も複雑な化学式の係数を1とおく

　手順2　右左辺の原子数が合うように他の係数を付ける

〈反応式と反応量〉

　化学反応式の係数比は，反応，生成する物質量の比を表す

> 係数比＝（反応，生成する）物質量の比

23　$x:$ ③　$y:$ ⑧

解説 ▶　イオン結晶である塩化マグネシウム $MgCl_2$ と硝酸銀 $AgNO_3$ は，水に溶けるとそれぞれ以下のように電離し，イオンを生じる。

$$MgCl_2 \longrightarrow Mg^{2+} + 2Cl^- \quad \cdots\cdots(1)$$
$$AgNO_3 \longrightarrow Ag^+ + NO_3^- \quad \cdots\cdots(2)$$

生じた4種のイオンのうち，Ag^+ と Cl^- が結び付いて，塩化銀 $AgCl$ の沈殿を生じる。（↓は沈殿の意味）

$$Ag^+ + Cl^- \longrightarrow AgCl\downarrow \quad \cdots\cdots(3)$$

中間に生じる Ag^+ と Cl^- が消えるように，(1)式＋(2)式×2＋(3)式×2 とすると，

$$MgCl_2 + 2AgNO_3 \longrightarrow 2AgCl\downarrow + \underline{Mg^{2+} + 2NO_3^-} \quad\quad \cdots\cdots(4)$$

通常は，まとめて $Mg(NO_3)_2$ と記す

図中でグラフが折れ曲がっている a 点で，上式の反応が過不足なく起こっている。$AgNO_3$ 水溶液を y〔mL〕以上加えても，それ以上沈殿の質量が増えないのは，反応相手の $MgCl_2$ が全部消費されたからである。

係数比に一致するのは，加えた物質量ではなく，反応した物質量である。したがって，$MgCl_2$ と加えた $AgNO_3$ がともに全部反応している a 点の数値と(4)式の係数を使って，「係数比＝(反応，生成した)物質量の比」の式をたてる。

$$MgCl_2 : AgCl = \underline{\frac{0.19\,\text{〔g〕}}{95\,\text{〔g/mol〕}} : \frac{x\,\text{〔g〕}}{144\,\text{〔g/mol〕}}} = \underline{1 : 2}$$

（反応，生成した）物質量の比　　　　係数比

$$x = 0.576 \fallingdotseq \mathbf{0.58}\,\text{〔g〕} \ \text{❷}$$

$$MgCl_2 : AgNO_3 = \underline{\frac{0.19\,\text{〔g〕}}{95\,\text{〔g/mol〕}} : 0.10\,\text{〔mol/L〕} \times \frac{y}{1000}\,\text{〔L〕}} = \underline{1 : 2}$$

（反応，生成した）物質量の比　　　　　係数比

$$y = \mathbf{40}\,\text{〔mL〕} \ \text{❷}$$

POINT	反応量の計算
	手順1　起こっている反応の反応式を書く （必要であれば未知数を使って表現する）
	手順2　反応，生成量を，物質量に換算する （ **19** ， **20** で扱った計算を行う）
	手順3　「係数比＝(反応，生成する)物質量の比」の式をたてて解く

24 ③

解説 ▶ いくつもグラフが引かれている図を読む場合は，縦軸か横軸のうち一方の値を固定して読むとよい。ナトリウム Na の原子量が 23 なので，横軸を 0.23 g に固定し，発生した水素 H_2 の物質量 x〔mol〕を算出してみる（下図）。

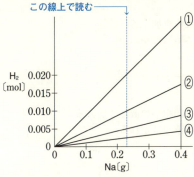

$2Na + 2H_2O \longrightarrow 2NaOH + H_2$ より，

$$Na : H_2 = \underbrace{\frac{0.23 \text{〔g〕}}{23 \text{〔g/mol〕}}}_{\text{（反応，生成した）物質量の比}} : x \text{〔mol〕} = \underbrace{2 : 1}_{\text{係数比}}$$

$x = 0.0050$〔mol〕

よって，当てはまるグラフは，横軸 0.23 g，縦軸 0.005 mol を通る③ 答

25　a：④　b：④

解説 ▶　a　選択肢の器具は，すべて名称，使用目的とともに覚えておきたい。

器具	名称	使用目的
①	駒込ピペット	少量の液体を加える 正確な体積ははかれない
②	ビュレット	滴定で反応相手の液体を加える 正確な体積がはかれる
③	メスシリンダー	多量の液体をはかる 正確な体積ははかれない
④	ホールピペット	液体をはかり取って加える 正確な体積がはかれる
⑤	メスフラスコ	指定の体積まで薄める 正確な体積がはかれる

ホールピペットの図は④　答

b 操作1 ホールピペットの内部が純水でぬれていると，はかり取った溶液が薄まり，一定体積中の**溶質量が減ってしまう**。これでは正確な体積をはかり取る意味がない。したがって，純水で洗浄した後に，これからはかり取る溶液の一部を使って器具の内部をすすぐ。すすいだ溶液を捨てて，新たにその溶液をはかり取れば，溶液を薄めることなく一定体積はかり取れる。ビュレットも同様である。

操作2 目盛りは，液面の湾曲の中央部で読む。水（溶液）の場合は中央がへこむので，液面の底面で目盛りを読むことになる（次図）。

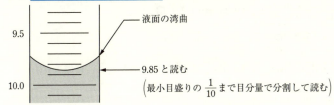

$$9.5$$
液面の湾曲

9.85 と読む

$$10.0$$
（最小目盛りの $\frac{1}{10}$ まで目分量で分割して読む）

　なお，メスフラスコは洗浄後，純水でぬれたまま使う。中に入れる溶質の量は，すでに天秤かホールピペットではかっているので，**それ以上溶質量を増やしてはならない**からである。滴定の際のコニカルビーカーも同様に，純水でぬれたまま使う。

26　問1　④　　問2　⑥　　問3　⑤

解説 ▶ 問1 **19**，**20** で扱った物質量算出の計算を用いればよい。溶質は NaOH で，質量は 4.0 g，式量は $23+16+1=40$，体積は $\dfrac{400}{1000}$ L だから，右の図「①⇨④」より，

溶質の質量〔g〕
① ↓ ÷溶質のモル質量〔g/mol〕
溶質の物質量〔mol〕
④ ↓ ÷溶液の体積〔L〕
溶液のモル濃度〔mol/L〕

$$\underset{\text{溶質の物質量〔mol〕}}{\dfrac{4.0\,\text{〔g〕}}{40\,\text{〔g/mol〕}}} \times \underset{\substack{\text{溶液の体積〔L〕}\\\text{で割る}}}{\dfrac{1000}{400}\,\text{〔1/L〕}} = \mathbf{0.25\,\text{〔mol/L〕}}\ \text{答}$$

問2　質量パーセント濃度は，溶液と溶質の質量から下式のように算出される。

$$\frac{\text{溶質〔g〕}}{\text{溶液〔g〕}} = \frac{x\,\text{〔%〕}}{100}$$

よって，溶液〔g〕$\times \dfrac{x\,\text{〔%〕}}{100} =$ 溶質〔g〕

これを図にすると，右のようになる。

$$\boxed{\text{溶液〔g〕}} \xrightarrow[\boxed{5}]{\times\frac{\%}{100}} \boxed{\text{溶質〔g〕}}$$

　一方，溶液の密度〔g/cm³〕は，質量〔g〕と体積〔cm³〕から下式のように算出される。

$$\frac{\text{溶液の質量〔g〕}}{\text{溶液の体積〔cm}^3\text{〕}} = \text{溶液の密度〔g/cm}^3\text{〕}$$

　よって，体積〔cm³〕×溶液の密度〔g/cm³〕＝質量〔g〕

これを図にすると，右のようになる。

質量〔g〕
⑥ ↑ ×溶液の密度〔g/cm³〕
体積〔cm³〕

cm³ の値は mL の値と同じ

　以上2つを，問1で用いた図と合わせると次ページの POINT のようになる。

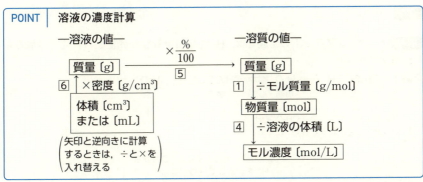

　濃度などの比の値は，全体量（はかり取る量）によらず一定なので，**溶液の体積を1 L（1000 cm³）とおく**。溶液の密度 1.1 g/cm³ を用いて上記⑥の計算を行い，さらに 20% を用いて上記⑤の計算を行い，さらに「式量〔g/mol〕＝モル質量 101 g/mol」を用いて上記①の計算を行う。最後に再び溶液の体積 1 L を用いて上記④の計算を行うと，モル濃度〔mol/L〕が算出できる。

$$1000 \,[cm^3] \times 1.1 \,[g/cm^3] \times \frac{20}{100} \times \frac{1}{101 \,[g/mol]} \times \frac{1}{1 \,[L]} = 2.17 \,[mol/L]$$

溶液の質量〔g〕←
溶質 KNO₃ の質量〔g〕←
溶質 KNO₃ の物質量〔mol〕←

よって，最も適当な数値は⑥ 答

問3　水で希釈すれば，濃度や溶液の量は変わるが，溶質の量は変わらないので，溶質量（g または mol に統一）の等式を導けばよい。希釈後のモル濃度を x〔mol/L〕とおくと，10.0 mL＝10.0 cm³ より，

希釈前の溶質量〔g〕＝希釈後の溶質量〔g〕

$$10.0 \times 1.14 \times \frac{32.0}{100} = x \times \frac{500}{1000} \times 36.5$$

〔cm³〕　〔g/cm³〕　　　　　　　　〔mol/L〕　〔L〕　　〔g/mol〕

　$x = 0.199$〔mol/L〕

よって，最も適当な数値は⑤ 答

　物質量や濃度の計算は，文字式で出題されることもあるので，上図を用いるなどして式1つで解を導くことができるようにしたい。

27　④

解説 ▶　ブレンステッドの定義では，H^+ を放出するものが酸で，H^+ を受け取るものが塩基である。

反応1　　CH_3COOH　+　$_{(ア)}H_2O$　$\rightleftarrows$　CH_3COO^-　+　$_{(イ)}H_3O^+$
　　　　　　　　酸　　　　　　　塩基　　　　　　　　塩基　　　　　　　　　酸

> 右方向に反応するとき，CH_3COOH から H^+ を受け取って H_3O^+ になる

> 左方向に反応するとき，これから H^+ を放出して H_2O になる

反応2　　NH_3　+　$_{(ウ)}H_2O$　$\rightleftarrows$　NH_4^+　+　$_{(エ)}OH^-$
　　　　　　　塩基　　　　　酸　　　　　　　　酸　　　　　　塩基

> これから H^+ を放出して OH^- になる

> NH_4^+ から H^+ を受け取って H_2O になる

よって，（イ）と（ウ）が酸としてはたらくから，当てはまる選択肢は④ 答

28 ⑤

解説 ▶ ①～③は，以下の **POINT** を参照のこと。

| POINT | 覚えておきたい酸，塩基 |

〈代表的な酸〉

価数	強酸		弱酸	
1	塩化水素*1 HCl 硝酸　　　HNO₃		酢酸　　　CH₃COOH	
2	硫酸　　　H₂SO₄		シュウ酸 (COOH)₂ 炭酸 *2　H₂CO₃	
3			リン酸　H₃PO₄	

*1 塩化水素の水溶液が塩酸である。
*2 炭酸 H₂CO₃ は，通常は H₂O + CO₂ と表現する。

〈代表的な塩基〉

価数	強塩基*3		弱塩基	
1	水酸化ナトリウム NaOH 水酸化カリウム　KOH		アンモニア　　　　NH₃	
2	水酸化カルシウム Ca(OH)₂ 水酸化バリウム　Ba(OH)₂		水酸化マグネシウム Mg(OH)₂	
3			水酸化アルミニウム Al(OH)₃	

*3 アルカリ金属とアルカリ土類金属の水酸化物が強塩基。他の塩基は弱塩基である。

以上より，①～③はすべて正しい。
④～⑥は，以下の **POINT** を参照のこと。

| POINT | 塩の分類 |

・正塩：酸に由来する H^+ も，塩基に由来する OH^- も残っていない塩。Na_2CO_3 など。
・酸性塩（水素塩）：酸に由来する H^+ の一部が残っている塩。水溶液が酸性になるとは限らない。
　$NaHSO_4$（強酸の酸性塩）：水溶液は酸性
　$NaHCO_3$（弱酸の酸性塩）：水溶液は塩基性
・塩基性塩：塩基に由来する OH^- の一部が残っている塩。液性が問われることはない。$CaCl(OH)$ など。

　以上より，硫酸水素ナトリウム $NaHSO_4$ は酸性塩であり，④は正しい。炭酸水素ナトリウム $NaHCO_3$ は酸性塩に分類されるが，その水溶液は弱塩基性。よって⑤は誤り。炭酸ナトリウム Na_2CO_3 は正塩なので⑥は正しい。

29　a：⑦　b：①

解説 ▶ 　正塩を水に溶かしたときの液性は，以下のとおり。

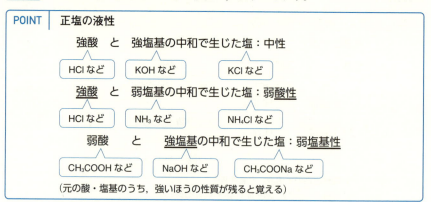

POINT | **正塩の液性**

強酸 　と　 強塩基の中和で生じた塩：中性
HClなど　KOHなど　KClなど

強酸 　と　 弱塩基の中和で生じた塩：弱酸性
HClなど　NH₃など　NH₄Clなど

弱酸 　と　 強塩基の中和で生じた塩：弱塩基性
CH₃COOHなど　NaOHなど　CH₃COONaなど

（元の酸・塩基のうち，強いほうの性質が残ると覚える）

上記より，ア（CH₃COONa）は塩基性，イ（KCl）は中性，エ（NH₄Cl）は酸性である。残りウ，オ，カについて，元の酸，塩基を示すと，

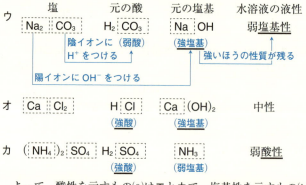

ウ　　　塩　　　　　元の酸　　　元の塩基　　水溶液の液性
Na₂｜CO₃　　H₂｜CO₃　　Na｜OH　　弱塩基性
　陰イオンに（弱酸）　（強塩基）
　H⁺をつける　　強いほうの性質が残る
陽イオンにOH⁻をつける

オ　Ca｜Cl₂　　　H｜Cl　　Ca｜(OH)₂　　中性
　　　　　　　　（強酸）　（強塩基）

カ　(NH₄)₂｜SO₄　H₂｜SO₄　NH₃　　弱酸性
　　　　　　　　（強酸）　（弱塩基）

よって，酸性を示すもの(a)は**エとカ**で，塩基性を示すもの(b)は**アとウ**である。

30 問1 ⑥   問2 a：③ b：⑦

解説 ▶ 問1 ① pHが大きい水溶液ほど，塩基性が強い。誤り。

② 1価の強酸である塩酸は，下式のように完全電離して，同じモル濃度のH^+を生じている。

  $HCl \longrightarrow H^+ + Cl^-$

  純水で10倍の体積まで希釈すれば，塩酸のモル濃度が$\frac{1}{10}$倍に低下し，H^+のモル濃度$[H^+]$も$\frac{1}{10}$に低下する。

  はじめの塩酸はpH＝3.0だから，$[H^+]=1.0\times10^{-3}$〔mol/L〕，希釈後は，その$\frac{1}{10}$倍の$[H^+]=1.0\times10^{-4}$〔mol/L〕となる。

したがって，pHは4.0となる。2.0ではない。誤り。

  水素イオン濃度$[H^+]$が低下すれば，pHは増大するという関係に注意したい。

③ 希釈前のpH＝5.0より，$[H^+]=1.0\times10^{-5}$〔mol/L〕だから，塩酸の濃度も1.0×10^{-5}〔mol/L〕。これを1000倍の体積に希釈すれば，確かに塩酸の濃度は1.0×10^{-8}〔mol/L〕となる。しかし，pHが8.0になるわけではない。酸を中性の水で薄めても，塩基性になることはない。中性付近になると，水が電離して放出するH^+の量が無視できなくなり，塩酸由来の1.0×10^{-8} mol/Lと合わせて$[H^+]>1.0\times10^{-7}$ mol/L になるからである。このように，**pH 6〜8の中性付近では，水の電離によって生じるH^+の濃度の分が無視できなくなる**。結局「酸を水で薄めたら塩基性になる」という趣旨のこの文は誤り。

④ pHと水素イオンのモル濃度$[H^+]$との関係は，

  $[H^+]=1.0\times10^{-pH}$

である。$[H^+]=1.0\times10^x$〔mol〕ならば，pHは$-x$である。誤り。

⑤ 塩酸は1価の強酸だから，0.010 mol/L塩酸なら，$[H^+]=0.010$〔mol/L〕である。一方，硫酸は2価の強酸であり，$H_2SO_4 \longrightarrow 2H^+ + SO_4^{2-}$ により2倍量のH^+を放出する。0.010 mol/L硫酸なら，$[H^+]=0.020$〔mol/L〕である。誤り。

⑥ 中性の水溶液では，水だけがわずかに電離して同じモル濃度のH^+とOH^-を生じている。

  $H_2O \rightleftharpoons H^+ + OH^-$

よって，中性では$[H^+]=[OH^-]$である。正しい。

問2 a 純水で $\dfrac{100}{20}$ 倍の体積に希釈しているので，モル濃度〔mol/L〕は $\dfrac{20}{100}$ 倍に薄まる。薄まった後の塩酸の濃度は，

$$5.0\times10^{-2}\times\dfrac{20}{100}=1.0\times10^{-2}\,〔mol/L〕$$

1価の強酸なので，$HCl \longrightarrow H^+ + Cl^-$ のように完全電離し，同濃度の H^+ を生じているから，

$[H^+]=$ 塩酸濃度〔mol/L〕$=1.0\times10^{-2}$〔mol/L〕

$[H^+]=10^{-pH}$ より，pH$=2$ 答

b 反応が起こるので，反応，生成量を整理する必要がある。加えた NaOH と HCl の物質量〔mol〕を算出すると，

$$NaOH：0.040\times\dfrac{50}{1000}=2.0\times10^{-3}\,〔mol〕$$

$$HCl：0.020\times\dfrac{50}{1000}=1.0\times10^{-3}\,〔mol〕$$

反応式の下に整理すると，

	NaOH	+	HCl	$\longrightarrow$	NaCl	+	H_2O	
はじめ	2.0×10^{-3}		1.0×10^{-3}		0			〔mol〕
反応後	1.0×10^{-3}		0		1.0×10^{-3}			〔mol〕

NaCl は pH に関係ない。HCl が全部なくなり NaOH が残るから，水溶液は塩基性を示す。塩基性のときは，$[OH^-]$ のほうから pH を算出する必要がある。残った強塩基の NaOH が完全電離して同じ物質量 $(1.0\times10^{-3}\,mol)$ の OH^- を生じ，溶液の体積は合わせて $\dfrac{100}{1000}$ L になっているから，

$$[OH^-]=1.0\times10^{-3}\,〔mol〕\times\dfrac{1000}{100}\,〔1/L〕=1.0\times10^{-2}\,〔mol/L〕$$

問題文記載の表から，$[OH^-]=10^{-2}$〔mol/L〕なので，pH$=12$ 答

POINT **pH（$[H^+]=10^{-pH}$）**

$[H^+]$	10^0	10^{-1}	10^{-2}	$\cdots$	10^{-7}	$\cdots$	10^{-12}	10^{-13}	10^{-14}
$[OH^-]$	10^{-14}	10^{-13}	10^{-12}	$\cdots$	10^{-7}	$\cdots$	10^{-2}	10^{-1}	10^0
pH	0	1	2	$\cdots$	7	$\cdots$	12	13	14

$[H^+]$：H^+ のモル濃度〔mol/L〕

$[OH^-]$：OH^- のモル濃度〔mol/L〕

塩基性水溶液の pH：まず $[OH^-]$ を求め，上の表から pH を求める。

31 問1 ① 問2 a：③ b：⑤

解説▶ **問1** 中和滴定の計算公式（別冊解答 p.40 の **POINT** 参照）を使えばよい。酸のモル濃度を a〔mol/L〕とおくと，

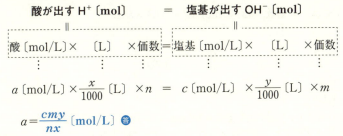

酸が出す H⁺〔mol〕　　＝　塩基が出す OH⁻〔mol〕

$$酸〔mol/L〕× \quad 〔L〕 \quad ×価数 = 塩基〔mol/L〕× \quad 〔L〕 \quad ×価数$$

$$a〔mol/L〕× \frac{x}{1000}〔L〕 ×n = c〔mol/L〕 ×\frac{y}{1000}〔L〕 ×m$$

$$a = \frac{cmy}{nx}〔mol/L〕 \text{答}$$

問2 a ① もしも強酸だったとしたら，完全電離しているから中和前の [H⁺] は $0.20 = 2×10^{-1}$〔mol/L〕となり，pH は 1 よりも小さくなるはずである。中和前（グラフ左端）の pH が 2.6 程度（[H⁺] は 10^{-2} mol/L と 10^{-3} mol/L の間）までしか下がっていないことから，一部しか電離しない弱酸だとわかる。<u>正しい。</u>

② もし，用いた塩基の水溶液の pH が 12 より小さかったら，加えた塩基の半分が余っている状態を指すグラフ右端の pH が，12 を下回るはずである。<u>正しい。</u>

③ 中和点は，グラフからも pH が飛躍する pH＝9 前後とわかる。ここでは弱酸を強塩基で中和しており，生じる塩は弱塩基性を示すからである。<u>誤り。</u>

④ 中和点が弱塩基性にあるので，弱塩基性で変色する指示薬であれば，中和点で変色するので適している。フェノールフタレインは，弱塩基性に変色域をもつから適している。<u>正しい。</u>

> **POINT**
> ・中和点の液性＝生じる塩の液性
> ・用いる指示薬＝中和点で変色するもの

⑤ まずはこの塩基のモル濃度（x〔mol/L〕とする）を求めると，

酸が出す H⁺〔mol〕　　＝　塩基が出す OH⁻〔mol〕

$$酸〔mol/L〕×〔L〕×価数 = 塩基〔mol/L〕×〔L〕×価数$$

$$0.20 \quad ×\frac{10}{1000} ×1 = x \quad ×\frac{20}{1000} ×1$$

$$x = 0.10〔mol/L〕$$

　　この塩基で硫酸を中和したときの塩基の滴下量を V〔mL〕とおくと，硫酸 H_2SO_4 は2価の酸だから，

　　　酸が出す H^+〔mol〕　　=　　塩基が出す OH^-〔mol〕
　　　　　　　‖ --------------------　　　　　‖ -----------
　　酸〔mol/L〕×〔L〕×価数 = 塩基〔mol/L〕×〔L〕×価数
　　　　　⋮　　　　　　　⋮　　　　　　　　⋮　　　　　　⋮

$$0.10 \quad \times \frac{10}{1000} \times 2 = \quad 0.10 \quad \times \frac{V}{1000} \times 1$$

$V=20$〔mL〕

よって，正しい。

b　上記の x の値より，塩基の濃度は $0.10\,mol/L$。完全電離する水酸化ナトリウム NaOH だったと仮定し，滴下量 40 mL のときの $[OH^-]$ を求める。20 mL 分が余り，酸塩基合わせて　$10+40=50\,mL$　の溶液になっているから，

$$[OH^-]=0.10\times\frac{20}{50}=0.040=4.0\times10^{-2}\,〔mol/L〕$$

　　この値は，$[OH^-]=1.0\times10^{-2}$〔mol/L〕（ 30 の表より pH$=12$）と，
$[OH^-]=1.0\times10^{-1}$〔mol/L〕（表より pH$=13$）の間に位置する値である。

　　したがって，pH は 12 と 13 の間にあるはずである。グラフは実際そうなっているから，強塩基の水酸化ナトリウム NaOH で中和した⑤が正しい。弱塩基のアンモニア NH_3 で中和したときは，完全電離ではないので，もっと pH が中性寄りの小さな値になるはずである。

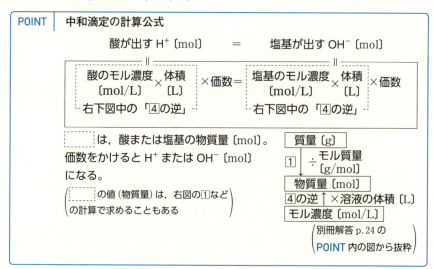

POINT｜中和滴定の計算公式

　　　　　酸が出す H^+〔mol〕　　　　=　　　　塩基が出す OH^-〔mol〕
　　　　　　　　　‖ --------------　　　　　　　　　　‖ --------------
　　　　　酸のモル濃度×体積 ×価数 = 塩基のモル濃度×体積 ×価数
　　　　　　〔mol/L〕　〔L〕　　　　　　　〔mol/L〕　〔L〕
　　　　　⋯右下図中の「4の逆」⋯　　　　　⋯右下図中の「4の逆」⋯

　　　　　　　は，酸または塩基の物質量〔mol〕。　　　質量〔g〕
　　　　　価数をかけると H^+ または OH^-〔mol〕　　　　│÷モル質量
　　　　　になる。　　　　　　　　　　　　　　　　1　　〔g/mol〕
　　　　　⎛　　　　の値（物質量）は，右図の1など⎞　　　物質量〔mol〕
　　　　　⎝の計算で求めることもある　　　　　　⎠　　4の逆↑×溶液の体積〔L〕
　　　　　　　　　　　　　　　　　　　　　　　　モル濃度〔mol/L〕
　　　　　　　　　　　　　　　　　　　　　　　　（別冊解答 p.24 の
　　　　　　　　　　　　　　　　　　　　　　　　 POINT 内の図から抜粋）

32　問1　①　　問2　③

解説 ▶

> 解法のポイント
>
> $$\frac{\text{質量から算出した}}{\text{ステアリン酸の物質量〔mol〕}} = \frac{\text{面積から算出した}}{\text{ステアリン酸の物質量〔mol〕}}$$
>
> の式を立てて解く

問1　解法のポイントの右辺について，

単分子膜をつくるステアリン酸の分子数

（個数）を x とおくと，

単分子膜全面積 (A)

$=1$ 分子が占める面積 (S) × 分子数 (x)

だから，

$$A = S \times x$$

$$x = \boxed{\frac{A}{S}}$$

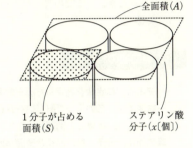

全面積(A)

1分子が占める
面積(S)

ステアリン酸
分子$(x$〔個〕$)$

この x を下図の「個数」に当てはめればよい。

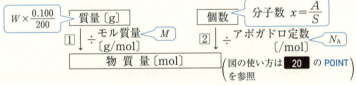

$W \times \dfrac{0.100}{200}$ → 質量〔g〕

① ↓ ÷モル質量〔g/mol〕　　M

　　　　物　質　量〔mol〕

個数　← 分子数 $x = \dfrac{A}{S}$

② ↓ ÷アボガドロ定数〔/mol〕　　N_A

（図の使い方は **20** の POINT を参照）

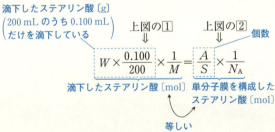

滴下したステアリン酸〔g〕
（200 mL のうち 0.100 mL
だけを滴下している）

上図の ①　　　上図の ②
　⇓　　　　　　⇓　　　個数

$$W \times \frac{0.100}{200} \times \frac{1}{M} = \frac{A}{S} \times \frac{1}{N_A}$$

滴下したステアリン酸〔mol〕　単分子膜を構成した
　　　　　　　　　　　　　　　ステアリン酸〔mol〕

等しい

よって，$N_A = \dfrac{2000MA}{SW}$ 答

問2　問1の式に代入して計算する。

$$N_A = \frac{2000MA}{SW}$$

$$= \frac{2000 \times 284 \ (\mathrm{g/mol}) \times 1.54 \times 10^2 \ (\mathrm{cm}^2)}{2.20 \times 10^{-15} \ (\mathrm{cm}^2) \times 7.10 \times 10^{-2} \ (\mathrm{g})}$$

$$= 5.60 \times 10^{23} \ (\mathrm{/mol})$$

　実験誤差によって，実際のアボガドロ定数（6.0×10^{23}/mol）から少しずれた値が算出されたが，ここでの答えは「5.60」に最も近い値を選べばよく，当てはまる数値は③　答

この問題のねらい

　アボガドロ定数を測定した歴史的実験である単分子膜の実験を取り上げた。センター試験では，このような難しい計算問題が1題だけ出題されることが多かった。共通テストでも，高難度の問題は少数だけ出題されると予想される。基本的な物質量の計算に加え，分子1個の面積と全面積から分子数を求めるという発想が必要になる。化学の計算の鉄則である「物質量〔mol〕を仲立ちとする計算」をうまく当てはめられるかどうかが問われる。

33 問1 ③ 問2 ⑤ 問3 ⑦ 問4 ⑥ 問5 ②

解説 ▶

解法のポイント

反応量の計算は「係数比＝物質量の比」で解く

反応量や生成量を mol に直して代入

問1 A 2.5 g 中の炭酸カルシウムの物質量を a〔mol〕とおくと，この炭酸カルシウムがすべて反応し，112 mL（0.112 L）の CO_2 気体が発生するから，

$$CaCO_3 + 2HCl \longrightarrow CaCl_2 + H_2O + CO_2 \ \text{より}，$$

$$CaCO_3 : CO_2 = a : \frac{0.112}{22.4} = 1 : 1$$

物質量の比　　　係数比

$a = 0.0050$〔mol〕

A 2.5 g 中に $CaCO_3$ 0.0050 mol を含むから，A 10 g あたりでは，

$$0.0050 \times \frac{10}{2.5} = \textbf{0.020}〔\textbf{mol}〕 \ 答$$

問2 今度は上記反応式の HCl と CO_2 とで「係数比＝物質量の比」の計算を行う。塩酸の体積を V〔mL〕とおくと，

$$HCl : CO_2 = \underbrace{0.20〔mol/L〕\times \frac{V}{1000}〔L〕}_{\text{反応 HCl 〔mol〕}} : \underbrace{\frac{0.112}{22.4}}_{\substack{\text{発生 } CO_2 \\ 〔mol〕}} = 2 : 1$$

係数比

$V = \textbf{50}〔\textbf{mL}〕 \ 答$

問3 A 10 g あたりに含まれる $CaCO_3$ は 0.020 mol である。質量に直すと，

$$0.020〔mol〕\times 100〔g/mol〕= 2.0〔g〕$$

残り 8.0 g が $CaCl_2$ とわかる。物質量に直すと，

$$\frac{8.0}{111} = 0.0720〔mol〕$$

よって両者の物質量の比は，

$$CaCO_3 : CaCl_2 = 0.020 : 0.0720 = 1 : \textbf{3.6} \ 答$$

問4 $CaCO_3$ が 2.0 mol 含まれるAに，当初から含まれている $CaCl_2$ の物質量は，x を用いて，

$$2.0 \times x = 2x〔mol〕$$

反応により，Aの中の $CaCO_3$ も同物質量の $CaCl_2$ に変わるから（**問1**で示した反応式を参照），反応後の $CaCl_2$ の物質量は，合計で $\textbf{2x+2.0}〔\textbf{mol}〕 \ 答$

問5　ここで起こっている反応は，酸と塩基の反応の中の「弱酸遊離反応」である。炭酸カルシウム $CaCO_3$ は，弱酸である炭酸の塩であり，塩酸は強酸である。強い酸のほうが優先的に H^+ を放出してしかるべきである。したがって，両者が出会えば HCl から CO_3^{2-} に H^+ が与えられ，炭酸 $H_2O + CO_2$ が生じる。

$$Ca\boxed{CO_3} \quad + \quad 2\,\boxed{H}Cl \quad \longrightarrow \quad CaCl_2 + \boxed{H_2O + CO_2}$$

弱酸（炭酸）の塩　　　強酸（塩酸）　　　強酸の塩　　　弱酸

これと同様の反応は，強酸 H_2SO_4 から H^+ を受け取って弱酸 H_2S が生成する ② 🔵答

$$Na_2\boxed{S} \quad + \quad \boxed{H}_2SO_4 \quad \longrightarrow \quad Na_2SO_4 + \boxed{H_2S}$$

弱酸（硫化水素）の塩　　　強酸（硫酸）　　　強酸の塩　　　弱酸

📎 この問題のねらい

　反応量の計算を応用して，混合物の組成を求める難度の高い計算問題。まず，与えられたグラフから反応量を読み取る力，次に，「係数比＝物質量の比」にしたがって反応生成量を計算する力が必要になる。従来のセンター試験では，ここまでの内容で1～2設問の出題がなされたが，共通テストでは設問数が増すと予想される。そこで，問3で混合物の組成を問い，問4では問3のできに関わらず答えられる形で，反応後の塩化カルシウムの量までを問うた。最後の問5では，反応が起こるしくみにも触れている。

　共通テストでも，前の設問のできに関わらず次の設問が解けるような配慮はされるはずなので，このような難しい問題が出題されても，わかる設問を探して解くようにしたい。

34 ①

解説 ▶

> 解法のポイント
>
> 　添加量を変えて反応させる問題は，「過不足なく反応する点」に着目
> して解く

　クロム酸カリウムと硝酸銀との沈殿反応では，問題文中の反応式

$$K_2CrO_4 + 2AgNO_3 \longrightarrow 2KNO_3 + Ag_2CrO_4$$

から，K_2CrO_4 と $AgNO_3$ を物質量の比 1：2 で混合したときに過不足なく反応が起こり，どちらか一方がその量を下回れば，生成する沈殿の量も少なくなることがわかる。

　問題文記載の表より，**過不足なく反応するのは試験管番号 4 のとき**である。両者のモル濃度が同じなので，加える体積比が 1：2 となったときに，物質量の比も 1：2 になるからである。これよりも番号が小さくなると，K_2CrO_4 の添加量が減るために，生成する沈殿の量も減る。同様に，番号が 4 より大きくなると，今度は $AgNO_3$ の添加量が減るために，やはり沈殿の量は減る。

　ここまでで答えは①または②に絞られる。次に，試験管番号 4 のときの沈殿量を算出する。加えられた反応物質の量は，

$$K_2CrO_4：0.10\,〔mol/L〕×\frac{4.0}{1000}\,〔L〕=4.0×10^{-4}\,〔mol〕$$

$$AgNO_3：0.10\,〔mol/L〕×\frac{8.0}{1000}\,〔L〕=8.0×10^{-4}\,〔mol〕$$

反応式より，$4.0×10^{-4}$ mol の Ag_2CrO_4 が生成し，沈殿するとわかる。その質量は，

$$4.0×10^{-4}×332≒0.13\,〔g〕$$

　よって，当てはまるグラフは，試験管番号 4 の沈殿の質量が約 0.13 g になっている ① 答

この問題のねらい

　33 に引き続き，反応量に関する問題である。33 では，2 つの反応物質のうち片方の量だけを変えていったが，本問では，2 つの混合比を変えて生成量を測定しており，過不足反応の反応量を正確に思考できるかどうかが問われている。選択肢に複雑なグラフがいくつも現れることから，一目見た段階では難度の高い問題に思える。

　このような，添加量や混合比を変えていく問題の場合は，過不足なく反応する点を見つけ出し，その点における量関係を考えてしまえば楽に解ける。データを見てもピンとこない人は，試験管番号のいくつかをピックアップして，反応前と反応後の物質量を反応式の下に整理してみるとよい。

第2章　物質量と濃度、酸・塩基

35　問1　⑥　　問2　①と⑤　　問3　③　　問4　①　　問5　⑦

解説 ▶

> 解法のポイント
>
> 濃度の計算は，「計算の流れを図などで把握」して解く

問1　質量パーセント濃度とモル濃度の計算は，化学基礎では頻出である。溶液を水で薄めても，溶けている溶質の量は変わらない。したがって，薄める問題の場合は，下式を立てて導く。

> 薄める前の溶質量＝薄めた後の溶質量
> （gかmolかのどちらかに統一する）

薄める前の数値を図上に整理すると，

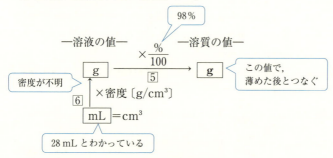

一方，**薄めた後**の数値を図上に整理すると，

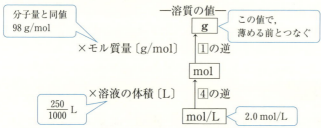

上記の28 mLを算出するためには，あと1つ密度が必要だったとわかる。この値を d〔g/cm³〕とおいて，28 mLを当てはめて上記の計算法で立式すると，

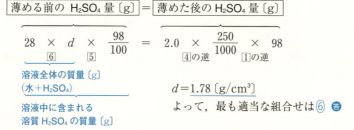

薄める前の H_2SO_4 量〔g〕 ＝ 薄めた後の H_2SO_4 量〔g〕

$$28 \times d \times \frac{98}{100} = 2.0 \times \frac{250}{1000} \times 98$$

（⑥）（⑤）　　　（④の逆）（①の逆）

溶液全体の質量〔g〕
（水＋H_2SO_4）

溶液中に含まれる
溶質 H_2SO_4 の質量〔g〕

$d = 1.78$〔g/cm³〕

よって，最も適当な組合せは⑥ 答

第2章 物質量と濃度、酸・塩基

POINT | 溶液の濃度計算（ **26** の POINT と同じ図）

複雑な濃度計算の場合は，以下のように計算過程を可視化して，値を当てはめていくと，立式の発想が出やすい。

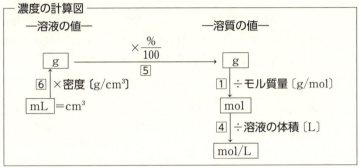

〈凡例〉

$$\boxed{A} \downarrow \div B \Rightarrow \frac{A}{B} = C$$
$$\boxed{C} \quad (AをBで割るとCが算出される)$$

矢印と逆向きに計算したいときは，÷と×を入れ替える。

$$\boxed{A} \uparrow \times B \Rightarrow C \times B = A$$
$$\boxed{C} \quad (CにBをかけるとAが算出される)$$

問2 一般に，溶質を水などの溶媒に溶かすときには熱の出入りがある。濃硫酸が水に溶けるときは，大きな発熱を伴い，この発熱量（溶解熱という）は加える濃硫酸の量で決まる。したがって，1回に加える濃硫酸の量を抑えてやれば，1回に発生する熱量も抑えられ，安全に希釈することができる。

また，硫酸は密度が大きく，水に対して沈むので，後で加えたほうが混合させやすいという意味もある。

問3 目盛りは，メニスカス（液面の湾曲）の中央部で読む。この場合は，③のように，最もへこんだ部分に標線を合わせればよい。 **25** の解説を参照のこと。

問4 滴定器具には，純水でぬれたまま使用してよいものと，共洗い（中に入れる液でゆすぐ）が必要なものとがある。容器に入れる溶質（H_2SO_4）の量は，濃硫酸28 mL をはかり取った時点で決定されており，以後純水を加えたとしても変化しない。純水はいずれ加えるものであり，最後に指定の体積になりさえすれば，指定の濃度になる。はじめから純水でぬれていても問題ない。以上のことから，最も適当な選択肢は①答

なお，途中の操作でビーカーなどに付着した溶液は，すべて純水で洗い流してメスフラスコに入れる。はかり取った溶質をすべてメスフラスコに移すためである。

　　ホールピペットとビュレットの洗い方については，**25** の解説を参照のこと。
その他の器具も含めて，洗浄処理について整理しておく。

POINT｜**滴定器具の洗浄法**

器具	目的	洗浄処理
メスフラスコ コニカルビーカー*	前の操作で決定された量の溶質を薄める，または入れる 増減しないように操作	純水でぬれたまま使用
ホールピペット ビュレット	溶液の体積をはかり， 〔mol/L〕×〔L〕＝〔mol〕 で溶質量を決定 薄まらないように操作	中に入れる液でゆすいでから使用（共洗い）

＊ 滴定用の受け器のこと

　　上記のとおり，操作の途中で溶質の量が狂わないようにするために2通りの洗浄
処理を使い分ける。なお，正確な体積目盛りが付いているメスフラスコ，ホールピ
ペット，ビュレットは，加熱乾燥してはならない。加熱によりガラスが変形して内
容積が変わり，冷却しても元の形には戻らないからである。

問5　質量パーセント濃度とモル濃度を換算する計算問題である。濃度，密度，モル
質量などの比の値は物質の量によらず一定なので，溶液量を適当な値に決めてしま
ってよい。そこで，溶液の体積を 1 L（1000 mL）と決めてみる。**問1**でも示した計
算図に数値を整理すると，

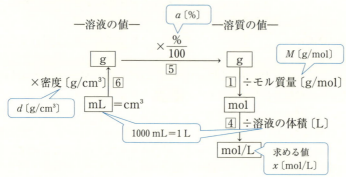

よって，以下の式が成り立つ。

$$1000 \underset{6}{\times} d \underset{5}{\times} \frac{a}{100} \underset{1}{\times} \frac{1}{M} \left(\underset{4}{\times} \frac{1}{1} \right) = x \,〔\mathrm{mol/L}〕$$

$$x = \frac{10ad}{M} \,〔\mathbf{mol/L}〕 \text{🅐}$$

以上の計算方法については，■26■の**問2**の解説も参照のこと。

📎**この問題のねらい**

　溶液の濃度について，実験と計算の両方をストーリー仕立てで解かせる問題。リード文を読解したうえで，どの単元のどの知識を使うべきか判断して解くため，単純な一問一答形式の学習のみでは対処がしにくい。共通テストでは，このようなストーリー仕立てになっている問題が出題されると予想される。

36 問1　ア：⑧　イ：⑥　ウ：③　エ：④
　　　問2　③　　　問3　③　　　問4　③と⑥

解説 ▶ 問1　ア　酸・塩基の定義2つを整理すると以下のとおり。

	アレニウスの定義	ブレンステッドの定義
酸の定義	水中で $H^+(H_3O^+)$ を放出	H^+ を放出
塩基の定義	水中で OH^- を放出	H^+ を受け取る
定義の特徴	水が基準（中性物質）（物質が決まれば酸か塩基かが決まる）	反応ごとに決まる（相手によって変わる）

アにはアレニウスが当てはまる。

イ～エ　ここでは，イオン結合，共有結合ともに，2原子が不対電子を出し合って，いったん共有電子対をつくると説明している。この共有電子対が，電気陰性度の大きい側の原子に完全に偏り，生じた陽イオンと陰イオンがクーロン力（静電気的引力）で結び付く結合がイオン結合である。一方，2原子間に電気陰性度の差がなく，共有電子対がどちらの原子の側にも偏らない結合が，完全な共有結合である。

結合の種類は，以下のように分類，仕分けする。

結合する原子	結合の種類
非金属元素どうし	共有結合
非金属元素と金属元素	イオン結合
金属元素どうし	金属結合

問2　問題文で，X—O—H の X に陰性の原子が多いほど，XO^- と H^+ に電離しやすい旨が説明されている。次亜塩素酸の X は Cl 1原子だが，過塩素酸の X は Cl 1原子に，さらに電気陰性度の大きな O原子4原子が含まれる。よって，過塩素酸のほうが XO^- と H^+ に電離しやすく，酸性が強いと推定できる。

問3　「H^+ を受け取るものが塩基」と記述があるこの定義は，ブレンステッドの定義である。H_2O 分子について聞かれているので，左向きの反応を考える必要がある。H_2O は左向きに反応するとき H^+ を受け取って H_3O^+ になるので，塩基としてはたらいている。

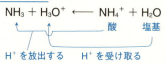

$$NH_3 + H_3O^+ \longleftarrow NH_4^+ + H_2O$$
酸　　塩基

H⁺ を放出する　　H⁺ を受け取る

このように，ブレンステッドの定義では，左辺で一組，右辺でもう一組の酸，塩基が決まるのが普通である。**左右どちら向きの反応も考える必要がある。**

問4 ① H^+ のモル濃度〔mol/L〕を $[H^+]$ と表すと,

$[H^+]=10^{-pH}$

の関係がある。pH が 1 増すと, $[H^+]$ は $\frac{1}{10}$ 倍になる。<u>誤り。</u>

② pH=2 の塩酸は $[H^+]=10^{-2}$〔mol/L〕, pH=4 の塩酸は $[H^+]=10^{-4}$〔mol/L〕, 両者を 1L ずつ混合すると, 混合水溶液の H^+ の物質量は,

10^{-2}〔mol/L〕$\times 1$〔L〕$+10^{-4}$〔mol/L〕$\times 1$〔L〕$=1.01\times10^{-2}$〔mol〕

となる。これを混合後の水溶液の体積 $1+1=2$〔L〕で割ると, 混合後の $[H^+]$ は,

$[H^+]=\dfrac{1.01\times10^{-2}〔mol〕}{2〔L〕}=5.05\times10^{-3}$〔mol/L〕

これは, pH=3 ($[H^+]=1\times10^{-3}$〔mol/L〕) とはいえない。<u>誤り。</u>

③ 塩基性の水溶液の pHは, 水酸化物イオン濃度 $[OH^-]$ のほうから算出する必要がある*。まず, 希釈前の $[OH^-]$ を求める。pH=13.0 だから, 問題文記載の表より,

$[OH^-]=10^{-1}$〔mol/L〕

次に, 希釈後の $[OH^-]$ を求める。溶質の水酸化ナトリウムは強塩基であり, 希釈の前後で電離度は 1 のまま変わらない。したがって, 水酸化ナトリウムのモル濃度が 100 倍希釈によって $\frac{1}{100}$ になれば, $[OH^-]$ も $\frac{1}{100}$ になるから,

$[OH^-]=10^{-1}\times\dfrac{1}{100}=10^{-3}$〔mol/L〕

表より, pH は 11.0 になる。<u>正しい。</u>

* 塩基性水溶液の場合, H^+ は溶媒の水のみから生じる。100 倍希釈しても水のモル濃度は $\frac{1}{100}$ にはならないし, 水の電離度も一定ではない。したがって, 溶質の塩基に (ほぼすべて) 由来する OH^- のモル濃度を考えていく必要がある。

④ 塩酸や水酸化ナトリウムは強酸や強塩基であり, 水溶液中で完全に電離している。一方, 酢酸は弱酸であり, 水中で一部だけが電離する。電離する割合を表す電離度は, 酢酸の濃度によって変化する。水で 10 倍に希釈したとき, 酢酸の濃度は $\frac{1}{10}$ 倍になるが, 電離度が変化するため, $[H^+]$ は $\frac{1}{10}$ 倍にはならない。したがって pH も 1.0 増にはならない。<u>誤り。</u>

⑤ 電離度とは,「電離前の酸の濃度に対する, 電離を行った酸の濃度の割合」と定義されるが, 簡単にいうと,「1 mol 中, 何 mol が電離するか」を表す数値である。

　1 価の弱酸の場合は, 次ページの POINT で示した関係がある。

第2章 物質量と濃度、酸・塩基

POINT | 電離度 α

$$\boxed{[H^+]=C\alpha}$$

$[H^+]$：水素イオンのモル濃度〔mol/L〕 ← 実際に電離している分

C：酸のモル濃度〔mol/L〕 ← 電離前の濃度。たとえば，「0.10 mol/L 酢酸」の「0.10 mol/L」のこと。中和滴定の計算で算出されるモル濃度も，これに相当する

α：電離度 ← 簡単にいうと，「1 mol 中，何 mol が電離するか」を表す数値

この弱酸の電離度を上記の式を用いて求める。問題文で与えられた表から，pH＝3.0 のとき，$[H^+]=1.0\times10^{-3}$〔mol/L〕なので，

$$1.0\times10^{-3}=0.10\times\alpha$$
$\quad([H^+])\qquad(C)$

これを解くと，$\alpha=0.010$　よって，誤り。

⑥　塩基性溶液の場合，溶質の塩基が電離して生じるのは OH^- だから，次の(1)式を使う。

$$\boxed{[OH^-]=C\alpha}\quad\cdots\cdots(1)\quad(C：塩基のモル濃度〔mol/L〕)$$

まず，この 1 価の塩基のモル濃度を C〔mol/L〕とおき，別冊解答 p.41 の
POINT で示した中和滴定の計算公式に当てはめると

酸が出す $[H^+]$〔**mol**〕　＝　塩基が出す $[OH^-]$〔**mol**〕
酸〔mol/L〕×〔L〕×価数 ＝ 塩基〔mol/L〕×〔L〕×価数
$\qquad\vdots\qquad\vdots\qquad\vdots\qquad\qquad\vdots\qquad\qquad\vdots\qquad\vdots$
$0.10\quad\times\dfrac{10.0}{1000}\times1\quad=\quad C\quad\times\dfrac{10.0}{1000}\times1$

これを解くと，$C=0.10$〔mol/L〕

これを(1)に代入する。問題文で与えられた表から，pH＝11.0 のとき，$[OH^-]=10^{-3}$〔mol/L〕なので，

$$10^{-3}=0.10\times\alpha$$
$([OH^-])\quad(C)$

よって，$\alpha=0.010$ となるので，正しい。

この問題のねらい

　電気陰性度を用いて，酸・塩基の性質を考察させる異分野融合問題。長文のリード文を，高校化学基礎の知識を用いて読解し，その内容を用いて後の設問を解く形式になっている。共通テストでは，このような応用問題も出題されると予想される。

37 問1 ⑥　問2 ①と⑤　問3 ③　問4 ③　問5 ④

解説 ▶ 問1　炭酸ナトリウム Na_2CO_3 は，強塩基 NaOH と弱酸 H_2CO_3 が，OH^- や H^+ をすべて出し合って生じた<u>正塩</u>である。強塩基と弱酸からなる正塩は，水に溶かすと<u>弱塩基性</u>を示す。一方，炭酸水素ナトリウム $NaHCO_3$ は，H_2CO_3 の H^+ が1個残っている<u>酸性塩（水素塩）</u>である。炭酸のような非常に弱い酸の酸性塩は，水に溶かすと弱塩基性を示す。

問2　この実験では，まず塩化カルシウム $CaCl_2$ を加えることにより Na_2CO_3 の CO_3^{2-} を沈殿させ（反応式(1)），得られたろ液に対し塩酸 HCl を加えて，炭酸水素ナトリウム $NaHCO_3$ を反応させている（反応式(2)）。この反応は，弱酸遊離反応である。

$$Na_2CO_3 + CaCl_2 \longrightarrow CaCO_3\downarrow + 2NaCl \quad \cdots(1)$$
$$NaHCO_3 + HCl \longrightarrow H_2O + CO_2 + NaCl \quad \cdots(2)$$

したがって，Na_2CO_3 の量は，生じた沈殿 $CaCO_3$ の量から算出する。また，$NaHCO_3$ の量は，滴定で反応した HCl の量から算出する。

指示薬は，反応式(2)の反応が完結したところで変色するものを用いる。反応式(2)が完結したとき，水溶液には CO_2 と NaCl のみが存在する。NaCl は中性だが，CO_2 は水に溶けて炭酸となり，弱酸性を示す。したがって，<u>反応が完結したときの水溶液の液性は弱酸性</u>となる。この点で変色させるには，<u>変色域を弱酸性にもつ指示薬</u>を用いる必要がある。

問3　問2で説明したとおり，Na_2CO_3 は $CaCl_2$ 添加の時点で反応式(1)のように反応し，$CaCO_3$ の沈殿が生じる。ろ液に存在する溶質は，弱塩基性を示す $NaHCO_3$ と，中性を示す NaCl である。$NaHCO_3$ のために，この滴定前の水溶液は，弱塩基性を示す。この時点で，グラフは③に決まってしまう。問2で説明したとおり，反応が完結した時点では弱酸性となり，以降は加えた HCl が余り出すため，溶液は強酸性（pH＝1 〜 2）となる。

問4　メチルオレンジは，pH＝3.1 〜 4.4 の弱酸性に変色域をもち，pH＝4.4 以上では黄色，pH＝3.1 以下では赤色を示す。問3で選んだグラフのとおり，コニカルビーカー中の水溶液は，はじめは弱塩基性，反応完結後さらに HCl を加え続けると強酸性となる。したがって，ここにメチルオレンジを加えておけば，はじめは黄色，<u>反応完結の点で黄色から赤色へと変色</u>し，以後 HCl を加え続ければ赤色となる。

問5　問2で示した反応式(1)より，Na_2CO_3 と同物質量の $CaCO_3$ が沈殿する。
$CaCO_3$ の沈殿量から，Na_2CO_3 の沈殿量を算出すると，

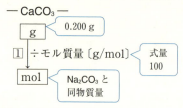

$\dfrac{0.200}{100}$〔mol〕の Na_2CO_3 が含まれていたとわかる。

　次に，Na_2CO_3 が $CaCO_3$ の沈殿として取り除かれた後，HCl を加えると，**問2**で示した反応式(2)より，$NaHCO_3$ と同物質量の HCl が反応する。HCl の反応量から，$NaHCO_3$ の物質量を算出すると，

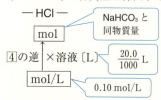

$0.10 \times \dfrac{20.0}{1000}$〔mol〕の $NaHCO_3$ が含まれていたとわかる。

　したがって，含まれていた Na_2CO_3 と $NaHCO_3$ の物質量の比は，

$$Na_2CO_3 : NaHCO_3 = \dfrac{0.200}{100} : 0.10 \times \dfrac{20.0}{1000} = \underline{1 : 1}$$

📎 この問題のねらい

　生活に関連した物質として，セスキ炭酸ソーダというものを取り上げた。共通テストでは，滴定の問題は，他の単元の知識と組み合わせて，ストーリー性のある難問に仕立てられるものと予想される。本問は，中和滴定に，元素の検出で扱う沈殿生成を組み合わせて，混合物の組成を測定する総合的な分析問題に仕上がっている。リード文から実験の内容を正確に読み取る力と，モル計算の運用能力とが問われる問題。

第3章 │ 酸化還元, イオン化傾向と電池

38 ④

解説 ▶ ① 酸化されるとき,その物質は電子を放出する。誤り。

② 酸化剤のほうが電子を奪う。誤り。

③ $Zn + Cu^{2+} \longrightarrow Zn^{2+} + Cu$ のように,酸素や水素原子が関与しない酸化還元反応もある。誤り。

④ 酸化還元反応＝物質の間で電子の授受が起こる反応

　　　　　　　＝酸化数の変化が起こる反応

である。正しい。

⑤ ヨウ化カリウム KI のヨウ化物イオン I^- は,下式のように電子を放出する還元剤にはなるが,これ以上電子を受け取らないので酸化剤にはならない。誤り。

　　　　$2I^- \longrightarrow I_2 + 2e^-$

なお, I^- ではなく単体のヨウ素 I_2 であれば,上記の逆反応を行って電子を受け取るので酸化剤になることができる。

⑥ オゾン O_3 は,下式のように電子を受け取る酸化剤にはなるが,還元剤としてはたらくことはしない。誤り。

　　　　$O_3 + 2H^+ + 2e^- \longrightarrow O_2 + H_2O$

POINT | **酸化還元の定義**

	電子 e^- を	酸化数が	反応相手を
酸化される	放出する	増大する	還元する（還元剤）
還元される	受け取る	減少する	酸化する（酸化剤）

多くの反応では,以下のように酸素または水素原子の授受も起こる（必ず起こるわけではない）。

	酸素原子を		水素原子を
酸化される	受け取る	または	放出する
還元される	放出する		受け取る

39　①と⑥

【解説】▶　酸化数変化している原子について，すべて酸化数を記す。

① $\underset{0}{3Cu} + 8H\underset{+5}{N}O_3 \longrightarrow 3\underset{+2}{Cu}(NO_3)_2 + 2\underset{+2}{N}O + 4H_2O$
　　　　　　　　　　　　　　　　　└ このN原子は +5 のまま

下線のN原子は，+5 から +2 へ，酸化数が <u>3 減少している</u>。

② $2H_2\underset{-1}{O_2} \longrightarrow 2H_2\underset{-2}{O} + \underset{0}{O_2}$

③ $2\underset{0}{Ag} + 2H_2\underset{+6}{S}O_4 \longrightarrow \underset{+1}{Ag_2}SO_4 + \underset{+4}{S}O_2 + 2H_2O$
　　　　　　　　　　　　　　　　└ このS原子は +6 のまま

④ $2K\underset{+5\,-2}{Cl\,O_3} \longrightarrow 2K\underset{-1}{Cl} + 3\underset{0}{O_2}$

⑤ $\underset{+4}{Mn}O_2 + 4H\underset{-1}{Cl} \longrightarrow \underset{+2}{Mn}Cl_2 + \underset{0}{Cl_2} + 2H_2O$

⑥ $K_2\underset{+6}{Cr_2}O_7 + 6\underset{+2}{Fe}SO_4 + 7H_2SO_4$

　　　$\longrightarrow \underset{+3}{Cr_2}(SO_4)_3 + 3\underset{+3}{Fe_2}(SO_4)_3 + K_2SO_4 + 7H_2O$

下線の Cr 原子は，+6 から +3 へと酸化数が <u>3 減少している</u>。

POINT　│　**酸化数（＝原子ごとに割り付けた電荷）の算出**

単体の原子の酸化数＝0

化合物中の
$\begin{cases} \text{O原子}=-2 \ (H_2O_2 \text{のO原子は} -1) \\ \text{H原子}=+1 \\ \text{イオンになるもの＝その電荷}^* \end{cases}$

（符号は前につける）

＊ NaCl は Na^+ と Cl^- に分かれるので，$\underset{+1\,-1}{Na\ Cl}$

Li^+, Na^+, K^+（1族）は +1
Mg^{2+}, Ca^{2+}, Ba^{2+}（2族）は +2
Al^{3+}（13族）は +3
NO_3^- は全体で −1，SO_4^{2-} は全体で −2
F^-, Cl^-, Br^-, I^-（17族）は −1
（ただし，多原子イオンの場合はO原子 −2 が優先。例：$\underset{+5}{Cl}O_3^-$）

40 問1 ③ 問2 ⑥

解説 ▶ 酸化剤・還元剤のはたらきを示す，電子を含むイオン反応式（半反応式）の書き方は以下のとおり。

> **POINT**
> 手順1 反応前と後の化学式を2つ書く（係数も）
> 手順2 H_2O，H^+，e^- の順に係数を合わせる*
> ① 右左辺のO原子数が合うように H_2O の係数を書く
> ② 右左辺のH原子数が合うように H^+ の係数を書く
> ③ 右左辺の電荷数が合うように e^- の係数を書く
> * 酸化数変化を求めて，e^- の係数から書く方法もある。

問1 MnO_4^- が酸化剤としてはたらくときの，電子を含むイオン反応式を書く。
酸性条件では Mn^{2+} まで還元されるから，
└これだけは覚える

手順1 $MnO_4^- + \quad + \longrightarrow Mn^{2+} +$
手順2 ① $MnO_4^- + \quad + \longrightarrow Mn^{2+} + 4H_2O$
② $MnO_4^- + 8H^+ + \longrightarrow Mn^{2+} + 4H_2O$
③ $MnO_4^- + \underset{a}{8}H^+ + \underset{b}{5}e^- \longrightarrow Mn^{2+} + \underset{c}{4}H_2O$

よって，$b=5$

$(COOH)_2$ が還元剤としてはたらくときの，電子を含むイオン反応式を書く。
$2CO_2$ に酸化されるから，
└これだけは覚える

手順1 $(COOH)_2 \longrightarrow 2CO_2 + \quad +$
手順2 ① 必要なし
② $(COOH)_2 \longrightarrow 2CO_2 + 2H^+ +$
③ $(COOH)_2 \longrightarrow 2CO_2 + \underset{d}{2}H^+ + \underset{e}{2}e^-$

2つのイオン反応式を，e^- が消えるように足し合わせると全体の反応式ができる。

$$\begin{array}{l}\{MnO_4^- + 8H^+ + 5e^- \longrightarrow Mn^{2+} + 4H_2O\}\times 2\\+)\ \{\qquad (COOH)_2 \longrightarrow 2CO_2 + 2H^+ + 2e^-\}\times 5\\\hline 2MnO_4^- + \underset{f}{5}(COOH)_2 + \underset{g}{6}H^+ \longrightarrow 2Mn^{2+} + 10CO_2 + \underset{h}{8}H_2O\end{array}$$

よって，$g=6$

問2　塩基性条件では，H^+ ではなく OH^- を用いて表現する。まず H^+ を用いて上記
のとおり電子を含むイオン反応式を書き，さらに下式を足し引きして H^+ を消去す
ればよい。

$$H^+ + OH^- \longrightarrow H_2O$$

まず，MnO_4^- が酸化剤としてはたらくときの，電子を含むイオン反応式を書く。
<u>塩基性条件では MnO_2 まで還元されるから</u>，

└─これだけは覚える

手順1	$MnO_4^- +$　　　　　$\longrightarrow MnO_2 +$

手順2　① $MnO_4^- +$　　　　　$\longrightarrow MnO_2 + 2H_2O$

　　　　② $MnO_4^- + 4H^+ +$　　　$\longrightarrow MnO_2 + 2H_2O$

　　　　③ $MnO_4^- + 4H^+ + 3e^- \longrightarrow MnO_2 + 2H_2O$

最後に <u>H^+ を消す</u>ために，$H^+ + OH^- \longrightarrow H_2O$ の式を右左辺逆にし，4倍して
足し合わせる。

$$MnO_4^- + 4H^+ + 3e^- \longrightarrow MnO_2 + 2H_2O$$
$$+)\ \{\qquad\ H_2O \longrightarrow H^+ + OH^-\}\times 4$$
$$\overline{MnO_4^- + \underset{a}{2}H_2O + \underset{b}{3}e^- \longrightarrow MnO_2 + \underset{c}{4}OH^-}$$

よって，<u>$c=4$</u>

還元剤の式と足し合わせて e^- を消すと，

$$\{\ MnO_4^- + 2H_2O + 3e^- \longrightarrow MnO_2 + 4OH^-　　　\}\times 2$$
$$+)\ \{\qquad\quad Sn^{2+} \longrightarrow Sn^{4+} + 2e^-　　　\}\times 3$$
$$\overline{2MnO_4^- + 3Sn^{2+} + 4H_2O \longrightarrow 2MnO_2 + \underset{d}{3}Sn^{4+} + 8OH^-}$$

よって，<u>$d=3$</u>

> **POINT**　塩基性条件におけるイオン反応式
>
> 　　　　　H^+ でなく OH^- を用いて書く

41 ④

解説 ▶ ① **40** 問1のように，酸化剤・還元剤のはたらきを電子を含むイオン反応式で示すと，以下のとおり。

酸化剤　$MnO_4^- + 8H^+ + 5e^- \longrightarrow Mn^{2+} + 4H_2O$　…(1)

還元剤　$(COOH)_2 \longrightarrow 2CO_2 + 2H^+ + 2e^-$　　　…(2)

(1)×2+(2)×5で e^- を消去すると，

$$2\underset{+7}{Mn}O_4^- + 5(\underset{+3}{C}OOH)_2 + 6H^+ \longrightarrow 2\underset{+2}{Mn}^{2+} + 10\underset{+4}{C}O_2 + 8H_2O$$

└─酸化数

　酸化数変化が起こっているので，この反応は酸化還元反応である。なお，H 原子やO 原子（H_2O_2 は除く）は，化合物中では酸化数が各々 +1，−2 のまま一定なので，それ以外の元素に目を付けて酸化数を算出してやればよい。

② 　$2\underset{0}{Na} + 2\underset{+1}{H_2}O \longrightarrow 2\underset{+1}{Na}OH + \underset{0}{H_2}$

　これも酸化還元反応である。「単体 → 化合物」（または「化合物 → 単体」）の変化を行っている原子は必ず酸化数が変化している。

③ 　$2\underset{0}{Cu} + \underset{0}{O_2} \longrightarrow 2\underset{+2\,-2}{Cu\,O}$

　これも②と同様に酸化還元反応である。

④ 　$\underset{+2\,+4\,-2}{Ca\,C\,O_3} \longrightarrow \underset{+2\,-2}{Ca\,O} + \underset{+4\,-2}{C\,O_2}$

　化合物中で2族の Ca は +2，O 原子（H_2O_2 は除く）は −2 の一定の酸化数をとる。これらをもとにC 原子の酸化数を算出すると，+4 のまま変わっていない。酸化数変化が起こっていないので，酸化還元反応ではない。

⑤ 　$2\underset{-1}{I}^- + \underset{-1}{H_2O_2} + 2H^+ \longrightarrow \underset{0}{I_2} + 2\underset{-2}{H_2O}$

　過酸化水素が還元され，ヨウ化物イオンが酸化される酸化還元反応である。I 原子が「化合物 → 単体」の変化をしている。

POINT | **酸化還元反応かどうかの判別**

酸化数変化あり＝酸化還元反応

目の付けどころ

　　単体 ⇌ 化合物 　の変化をしている原子は，必ず酸化数が変化している ⇨ **41** の②, ③, ⑤

　　（ただし，単体が関係しない酸化還元反応もある ⇨ **41** の①）

42 ④

解説 ▶ まず，価数を使って解く方法を説明する。

31 の POINT で扱った「中和滴定の計算公式」を使う。酸化還元反応の場合，**価数とは出し入れする電子 e⁻ の個数**である。電子を含むイオン反応式より，H_2O_2 1分子は e⁻ 2個を放出するから2価の還元剤，MnO_4^- は5価の酸化剤とわかる。H_2O_2 は，相手が MnO_4^- のような強い酸化剤のときは還元剤としてはたらく。H_2O_2 の濃度を x〔mol/L〕とおくと，

酸化剤が奪う e⁻〔mol〕＝還元剤が出す e⁻〔mol〕
(MnO_4^-)　　　　　　　　　　(H_2O_2)
‖　　　　　　　　　　　‖
酸化剤 ×〔L〕×価数 ＝ 還元剤 ×〔L〕×価数
〔mol/L〕　　　　　　　　〔mol/L〕
⋮　　⋮　　⋮　　　⋮　　⋮　　⋮

$$0.0500 \times \frac{20.0}{1000} \times 5 = x \times \frac{10.0}{1000} \times 2$$

$x = 0.250$〔mol/L〕答

別解 ▶ 次に，係数を使って解く方法を説明する。

電子を含む2つのイオン反応式を足し合わせて全体の反応式をつくり，**「係数比＝物質量の比」で解く。**

$$\{ \quad H_2O_2 \quad \longrightarrow O_2 + 2H^+ + 2e^- \} \times 5$$
$$+) \underline{\{MnO_4^- + 8H^+ + 5e^- \longrightarrow Mn^{2+} + 4H_2O \quad\} \times 2}$$
$$\underline{2}MnO_4^- + \underline{5}H_2O_2 + 6H^+ \longrightarrow 2Mn^{2+} + \underline{5}O_2 + 8H_2O$$

$$0.0500 \times \frac{20.0}{1000} : x \times \frac{10.0}{1000} = 2:5$$
MnO_4^- の物質量〔mol〕　H_2O_2 の物質量〔mol〕　（係数比）

$x = 0.250$〔mol/L〕答

「係数比＝物質量の比」で解くときは，価数は使わない。

2つの計算方法を混同しないようにしよう。

POINT | **酸化還元滴定の計算**

・滴定の公式を応用する

・還元，酸化剤の価数
　＝（還元，酸化剤の係数を1としたときの）e⁻ の係数

酸化剤が奪う e⁻〔mol〕 ＝ 還元剤が出す e⁻〔mol〕
‖　　　　　　　　　　‖
酸化剤〔mol/L〕×〔L〕×価数＝還元剤〔mol/L〕×〔L〕×価数

43 ③

解説▶ 酸性条件で $FeSO_4$（同物質量の Fe^{2+} を生じる）と H_2O_2 を反応させている。
40 の POINT で説明した要領で電子を含むイオン反応式を書くと，

還元剤： Fe^{2+} ⟶ Fe^{3+} ＋ e^- …(1)
手順1　手順1　手順2 の③

酸化剤： H_2O_2 ＋ $2H^+$ ＋ $2e^-$ ⟶ $2H_2O$ …(2)
手順1　手順2 の②　手順2 の③　手順1

図より，はじめの $FeSO_4(Fe^{2+})$ x mol がすべて反応するときの H_2O_2 水溶液の体積は 20 mL だから，

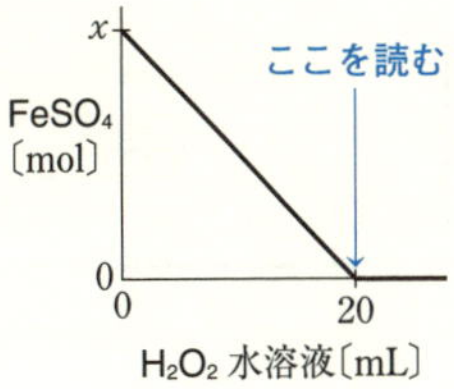

酸化剤が奪う e^-〔mol〕（H_2O_2）＝還元剤が出す e^-〔mol〕（Fe^{2+}）

‖　‖

酸化剤〔mol/L〕×〔L〕×**価数**＝ **還元剤**〔mol〕 ×**価数**

$$1.0 \times \frac{20}{1000} \times 2 = x \times 1$$

(2)式より，H_2O_2 1 分子あたり e^- を 2 個奪う

(1)式より，Fe^{2+} 1 個あたり e^- を 1 個放出

x＝**0.040〔mol〕** 答

参考 縦軸に，**反応物質ではなく生成物の硫酸鉄（Ⅲ）**$Fe_2(SO_4)_3$ の物質量〔mol〕をとった場合は，以下のようなグラフになる。これは 23 のグラフと同様である。以下に示す化学反応式の係数比より，$Fe_2(SO_4)_3$ の生成量は最大で $\frac{x}{2}$ mol となることに注意。

$$2FeSO_4 + H_2O_2 + H_2SO_4 \longrightarrow 1Fe_2(SO_4)_3 + 2H_2O$$

この反応式は，(1)式×2+(2)式からつくったイオン反応式を，さらにイオンのない反応式にしたものである。

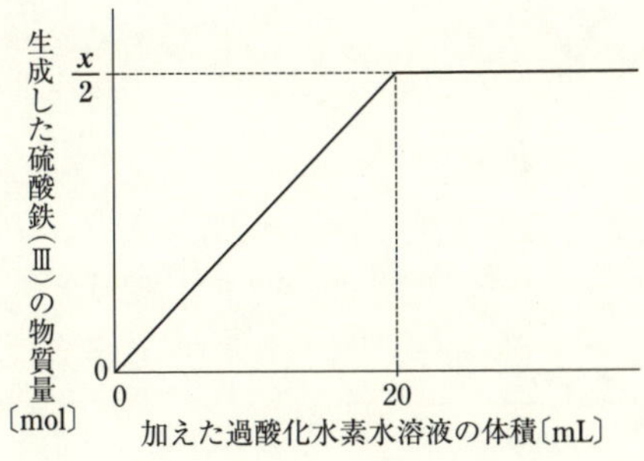

POINT	反応量とグラフ

・添加量を変えていくグラフの場合（ **43** ， **23** ）

  手順1　過不足なく反応する点に着目（グラフが折れ曲がる点）

  手順2　「係数比＝物質量の比」や「滴定の計算公式」で未知数を算
  　　　　出

・何本もグラフが引かれている場合（ **24** ）

  手順1　横軸または縦軸を，都合のよい点に固定

  ┌──────────────────────┐
  │ 物質量の値が簡単な数になる点 │
  └──────────────────────┘

  手順2　「係数比＝物質量の比」や「滴定の計算公式」で，他方の軸
  　　　　の値を算出 ⇒ グラフを選択

44 ⑥

解説 ▶ 　金属単体を，別の金属のイオンが溶けた水溶液に加えたときは，よりイオン化傾向の大きい金属がイオンになろうとして反応が起こる。異なる2種の金属 X, Y（イオン化傾向は X＞Y）については，以下のように反応する。

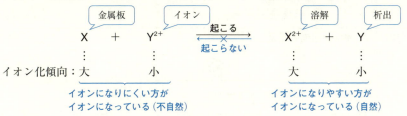

　問題文の表の上半分の結果は，A が溶解し，Cu または Pb または Sn が析出したという意味である。よって，A は Cu, Pb, Sn の中で最もイオン化傾向が大きい Sn よりも，さらにイオン化傾向が大きいとわかる。それは，Au, Cu, Zn の中では Zn のみである。よって，A は <u>Zn</u> である。

　Zn と Cu^{2+} との反応式は以下のとおり。

$$\underset{(A)}{Zn} \quad + \quad Cu^{2+} \quad \xrightarrow{\text{起こる}} \quad Zn^{2+} \quad + \quad Cu$$

イオン化傾向：大 ⋯ 小 ｜ 大 ⋯ 小

不自然 ｜ 自然

　問題文の表の下半分の結果より，B のイオン化傾向は Ag よりは大きいが，Pb, Sn よりは大きくないことがわかる。よって，B は <u>Cu</u> である。

$$\underset{(B)}{Cu} \quad + \quad 2Ag^{+} \quad \overset{\text{起こる}}{\underset{\text{起こらない}}{\rightleftharpoons}} \quad Cu^{2+} \quad + \quad 2Ag$$

イオン化傾向：大 ⋯ 小 ｜ 大 ⋯ 小

不自然 ｜ 自然

$$\underset{(B)}{Cu} \quad + \quad Pb^{2+} \quad \overset{\text{起こらない}}{\underset{\text{起こる}}{\rightleftharpoons}} \quad Cu^{2+} \quad + \quad Pb$$

イオン化傾向：小 ⋯ 大 ｜ 小 ⋯ 大

自然 ｜ 不自然

第3章 酸化還元、イオン化傾向と電池

45 ⑥

解説 ▶ イオン化傾向の異なる2種の金属板を導線で結線し，電解質の水溶液に離して浸すと電池ができる。このとき，イオン化傾向の大きな側の金属板は，電子を放出して(＝酸化されて)陽イオンとなり，水溶液に溶け出す。この金属板は，電子を導線に送り出すので，電池の負極になる。

POINT | イオン化傾向と電池

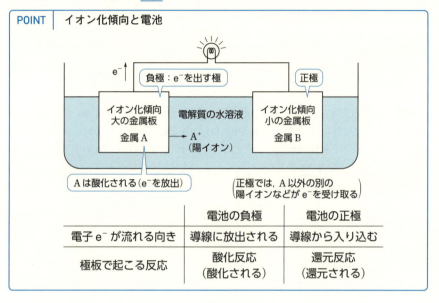

	電池の負極	電池の正極
電子 e⁻ が流れる向き	導線に放出される	導線から入り込む
極板で起こる反応	酸化反応 (酸化される)	還元反応 (還元される)

46 ④

解説 ▶ ① 電子と電流の流れる向きは右図のとおり。正しい。

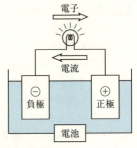

電子

電流

⊖
負極

⊕
正極

電池

② 電位とは電子を奪う力のことであり，電位差のある極を導線で結べば電子が流れようとして電圧が生じる。これを**起電力**という。正しい。

③ 充電できない電池が一次電池（アルカリマンガン乾電池など）。充電可能な電池が二次電池（鉛蓄電池やリチウムイオン電池など）である。正しい。

④ **45** で扱ったとおり，**イオン化傾向の小さい方の金属板は正極**になる。誤り。

⑤ 電極で反応する物質を活物質という。鉛蓄電池の活物質は，負極：鉛 Pb，正極：酸化鉛（Ⅳ）PbO_2 である。**正極活物質は，放電時は e^- を受け取り還元される。**正しい。

⑥ 燃料電池では，負極で水素 H_2 が e^- を放出し，正極で酸素 O_2 が e^- を受け取る。正しい。全体として，燃料（水素 H_2）の燃焼と同じ反応が起こるので燃料電池という。

POINT	実用電池			
	電池の名称	負極活物質	正極活物質	用途
一次電池	アルカリマンガン乾電池	Zn	MnO_2	目覚し時計
	酸化銀電池	Zn	Ag_2O	腕時計
二次電池	鉛蓄電池	Pb	PbO_2	自動車のバッテリー
	燃料電池	H_2	O_2	家庭用電源
	リチウムイオン電池	Li を含む黒鉛	コバルト Co の酸化物	携帯電話

47 ②と③

解説 ▶ ① 通常の鉄は，湿った空気中で酸素 O_2 により酸化され，赤さびとよばれる酸化鉄（Ⅲ）Fe_2O_3 を生成する。正しい。

② 鉄の製錬（鉱石から金属単体を取り出すこと）では，まず溶鉱炉中で鉄鉱石をコークス C によって還元する。酸化ではない。誤り。なお，溶鉱炉で生じる鉄 Fe は，コークスから混入する炭素 C をある程度含んだもので銑鉄とよばれる。銑鉄を転炉に移して酸素を吹き込み，炭素を燃焼させて除き，炭素含有量を減らすと，硬くてねばりのある鋼が得られる。

③ **ステンレス鋼は，鋼 Fe に対してニッケル Ni とクロム Cr を混ぜた合金**である。アルミニウムは含まない。アルミニウムを含む合金は，軽くて強いジュラルミンである。誤り。

④ アルミニウムは，鉱石ボーキサイトから製錬するとき非常に多くのエネルギー（電力）を必要とする。**イオン化傾向の大きなアルミニウムは，鉄と違ってコークス**では還元できず，**溶融塩電解**を行わなければならないからである。一方，アルミニウム製品からリサイクルにより地金を再生すれば，製錬に比べわずか数％のエネルギー消費で済む。正しい。

⑤ **電気，熱伝導性が最も大きい金属は銀**だが，**二番目に大きな銅のほうが安価な**ため，電線や調理器具に利用される。正しい。

⑥ 黄銅はさびにくく楽器などに用いられる。正しい。参考までに，銅とスズの合金が青銅（ブロンズ）である。青銅は低融点で鋳造性が高いため，塑像などに用いられる。

48 ⑤

解説 ▶ ① 生石灰 CaO は，吸湿性の強い塩基性の乾燥剤である。<u>正しい</u>。ほかに，中性の乾燥剤として塩化カルシウム $CaCl_2$ やシリカゲルなどがある。

② ダイヤモンドは天然で最も硬い物質であり，研磨剤や切削工具などに用いられる。<u>正しい</u>。

③ **塩素 Cl_2 は酸化力が強い**ので，水道水の殺菌に用いられる。また，塩素を強塩基に吸収させてつくった次亜塩素酸の塩も，殺菌，漂白剤として用いられる。<u>正しい</u>。

④ セッケンなどの洗剤は，同じ分子の**一方が親水性，他方が疎水性**（油になじむ）の構造をもつため，油汚れに疎水性部分を向けて油滴を球状に取り囲み，表面には親水性の部分を向けることによって，油汚れを水に溶かす。<u>正しい</u>。

⑤ ビタミンCは還元性が強く，人体に無害なので，**食品の酸化防止剤**に用いられる。着色料ではない。<u>誤り</u>。

⑥ プラスチック（合成高分子化合物）は一般に，石油から取り出された低分子量の**簡単な分子（単量体）を重合させ，長くつなげる**ことによって合成される。<u>正しい</u>。

49 ③と⑥

解説 ▶ ① 水と激しく反応する物質を除き，通常の薬品が肌に付着したときは，**直ちに大量の水で洗い流す**。<u>正しい</u>。

② 濃塩酸からは有毒な塩化水素 HCl の気体が発生するので，換気のよい場所で扱う。<u>正しい</u>。

③ 濃硫酸に対して水を注ぐと，多量の溶解熱が一度に発生して危険なので，**水に濃硫酸を少しずつかき混ぜながら加える**。<u>誤り</u>。溶質の溶解による発熱量は加える溶質の量で決まるので，一度に混ぜる溶質の量を抑えれば良い。

④ 突沸したときのことを考え，このようにする。<u>正しい</u>。

⑤ ラベルを汚さないように上に向け，溶液がこぼれたり飛び散ったりしないようにガラス棒を伝わらせる。<u>正しい</u>。

⑥ 水と激しく反応するアルカリ金属の単体には水をかけてはならない。また，水に浮く油が燃え出したときは，水をかけると，燃えたまま浮いて流れるため火が広がる。実験室で火災になった場合は，消火器を使う。<u>誤り</u>。

第3章 酸化還元，イオン化傾向と電池

50　問1　① 　問2　④ 　問3　⑤ 　問4　⑥

解説 ▶　**問1**　反応相手を酸化するとは，相手から電子を奪うことである。相手を酸化する物質を酸化剤という。

問2　Aは酸化剤としての反応以外を行わない旨の記述がある。すると，そのようなAと反応する相手の物質Bは還元剤としてはたらかなければならないことがわかる。

問3　Bの候補として，酸化剤としても還元剤としてもはたらきうる H_2O_2 と SO_2 が挙がる。このことから，当てはまる選択肢が，H_2O_2 が還元剤としてはたらく反応式⑤である。

　　参考までに，ほかの選択肢について考えると，

③，⑥　2つの異なる物質が反応する式ではない。

①　中和反応であり，酸化還元反応ではない。

②　弱塩基遊離反応であり，酸化還元反応ではない。

④　酸化還元反応だが，生成物の Cl_2 は有毒で題意に合わない。また，HClは酸化力の強い物質ではない。

　　なお，⑤の反応式は以下のように組み立てることができる。

　　　　酸化剤：$ClO^- + 2H^+ + 2e^- \longrightarrow Cl^- + H_2O$

　　　　還元剤：　　　　$H_2O_2 \longrightarrow O_2 + 2H^+ + 2e^-$

イオン反応式　$ClO^- + H_2O_2 \longrightarrow Cl^- + H_2O + O_2$

両辺に Na^+ を足してイオンのない式にすると，

$NaClO + H_2O_2 \longrightarrow NaCl + H_2O + O_2$

酸化剤　　　還元剤　　　　無害な物質
（殺菌剤A）　（殺菌剤B）

問4　まず，はじめにプール中に存在していた「A：NaClO の物質量とモル濃度」を算出する。 **26** の POINT で取り上げた溶液の濃度計算の要領で数値を整理すると以下のとおり。

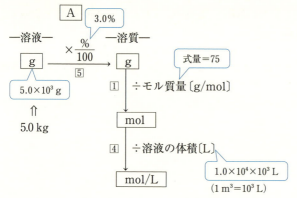

Aの物質量は,

$$5.0 \times 10^3 \underset{\boxed{5}}{\times} \frac{3.0}{100} \underset{\boxed{1}}{\times} \frac{1}{75} = 2.0 \text{ (mol)}$$

Aのモル濃度は,

$$2.0 \text{ (mol)} \underset{\boxed{4}}{\times} \frac{1}{1.0 \times 10^4 \times 10^3 \text{ (L)}} = 2.0 \times 10^{-7} \text{ (mol/L)}$$

　これより,B水溶液の投与量が0のときのAの濃度は 2.0×10^{-7} mol/L とわかる。この時点で,答えは③または⑥の2つに絞られる。

　次に,Aが完全に消費されるときのB水溶液の投与量を x (g) とおき,これを算出する。数値を整理すると以下のとおり。

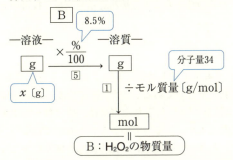

　加えるBの物質量は, $x \times \frac{8.5}{100} \times \frac{1}{34}$ (mol) と表せる。**問3**の反応式の係数を用いて,「係数比=物質量の比」の計算を行うと,

$$\begin{array}{ccc} A & : & B \\ \text{(NaClO)} & & \text{(H}_2\text{O}_2) \end{array} = 2.0 : x \times \frac{8.5}{100} \times \frac{1}{34} = 1 : 1$$

$$x = 8.0 \times 10^2 \text{ (g)}$$

B水溶液の投与量が 8.0×10^2 g になったところで,AとBは過不足なく反応し,Aは消滅することがわかった。よって,最も適当なグラフは,横軸 8.0×10^2 (g) で縦軸の値が0になる⑥ 答

この問題のねらい

　プールの殺菌剤という身近な物質を取り上げて酸化還元の考え方を応用させる問題。酸化還元反応の仕組みについてわかっているかどうかを試すのが最大の狙い。高校化学基礎では,次亜塩素酸イオンの反応はなじみが薄いが,反応相手の過酸化水素の性質と,酸化還元の基本的な知識があれば解けるようになっている。最後は,過不足反応に対する理解と,濃度の計算を,グラフの形で試している。

第3章 酸化還元,イオン化傾向と電池

51 問1 ③ 問2 A：⑥ B：③ 問3 ④

解説 ▶ イオンからなる物質の中の原子の酸化数は，その原子の電荷のことである（酸化数なら符号は前につける）。一方，分子からなる物質の中の原子の酸化数は，高校化学基礎では計算の方法のみを習うだけである（単体の原子は 0，化合物中の H 原子は +1 … を基準にして計算するというもの）。**51** のうち**問1・問2**は，教科書では扱わない考え方を導入して，共有結合している原子の酸化数を厳密に考えている。リード文で説明されている矢印 → の意味が理解できれば簡単だが，この矢印 → の意味が理解できない場合でも，本文中にある「電気陰性度の大きい方の原子が共有電子対を完全に引きつけたと仮定」という文章にしたがって，高校化学基礎の内容で思考することができる。ここでは，まず前者の考え方による解法を示し，後に後者の考え方による解法を示す。

《リード文の矢印 → の考え方を使った解き方》

問1 リード文の矢印 → の意味は，共有電子対1組を引き付けるという意味であり，電子を引き付ける力を結合ごとに表したものである。また，酸化数は，この → 印に記された電荷の合計に相当する。（注意：→ に付された電荷は，酸化数を算出するためのものであって，各原子が実際にイオンになっているという意味ではない。酸化数算出のための「考え方の1つ」と理解してほしい。他の問題を解くにあたっては，とくにこの記号や考え方をあてはめる必要はない。）

H_2O 分子では，右図のように酸素原子が共有電子対を引き付ける。このことから，水分子は酸化数が +1 の原子（水素原子）を含むとわかる。しかし，水分子中の H–O 結合の極性は分子全体でも打ち消し合わないので，H_2O 分子は極性分子である。よって，H_2O は条件を満たさない。

H_2 分子では，どちらの水素原子も共有電子対を引き付けることができない。よって，水素原子の酸化数はいずれも 0 であり，H_2 は条件を満たさない。

CH_4 分子では，右図のように炭素原子が水素原子を引き付ける。このことから，水分子は酸化数が +1 の原子（水素原子）を含むとわかる。また，CH_4 分子中の H–C 結合の極性は分子全体で打ち消し合うので，CH_4 分子は無極性分子である。よって，CH_4 は条件を満たす。

以上より，答えは CH_4 のみの③ 答

どちらも
共有電子対を
引きつけない

問2　炭素原子Aと炭素原子Bの酸化数を考えると，以下の図のようになる。

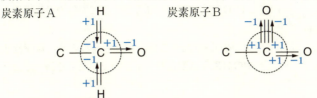

　これらの図から，炭素原子Aの酸化数が -1，炭素原子Bの酸化数が $+3$ である
とわかる。

《リード文の矢印 → の考え方を使わない解き方》

問1　高校化学基礎で，結合の極性は，電気陰性度の大きい側の原子が，共有電子対
を引き寄せることによって生じることを習っている。この共有電子対を引き寄せる
力を ⇨ 印で示す。引き寄せるという点で，リード文の → 印と同じ意味である。

　電気陰性度が同じ原子（＝同じ元素の原子）どうしが結合した場合は，結合に極
性はない。一方，電気陰性度が異なる原子（＝違う元素の原子）が結合した場合は，
結合に極性が生じる。**結合の極性が，分子全体でも打ち消し合わないものを極性分
子**という。

　H_2(H–H) の場合，結合に極性がないので，分子全体でも極性はない（無極性分子）。
ただし，H_2 などの単体中の原子は酸化数 0 なので，条件は満たさない。

　$H_2O \left({}_H^{\ O}{}_H \right)$ の場合，H–O 結合に極性があり，分子全体でも結合の極性が打ち
消し合わない（下図）。よって極性分子となるので，条件は満たさない。なお，化合
物なので，H 原子の酸化数は $+1$ である。

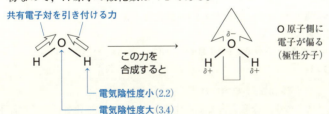

（H–O 間の共有電子対は，電気陰性度の大きな O 原子の側に引き付けられる）

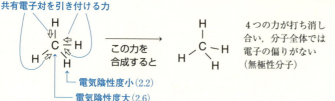

CH_4 $\left(\begin{array}{c} H \\ H-C-H \\ H \end{array}\right)$ の場合，H–C 結合に極性があるが，正四面体の対称構造をもつ分

子なので，分子全体では **4 つの C–H 結合の極性が打ち消し合い，無極性分子とな**
る（下図）。また，**化合物中のH原子は酸化数 +1 なので**，条件を<u>満たす</u>。

よって，答えは CH_4 のみの ③ 答

問2 H＝+1，O＝−2 とおくだけでは，2 つの C の酸化数を別々に求めることはでき
ない。そこで，C_2H_5OH や CH_3COOH の電子式を書き，題意にならって「電気陰性
度の大きい方の原子が共有電子対を完全に引き付ける」と仮定したときの電荷を求
める。まず C_2H_5OH について，

H・ ×6 ・C・ ×2 ：Ö： ×1
原子 原子 原子

⇩

炭素原子A：最外殻電子が 4 個から 5 個に増えた ⇒ <u>酸化数 −1</u>
左の炭素原子：最外殻電子が 4 個から 7 個に増えた ⇒ <u>酸化数 −3</u>

H原子：酸化数 +1
O原子：酸化数 −2

同様に CH_3COOH について，

炭素原子B：最外殻電子が 4 個から 1 個に減った ⇒ <u>酸化数 +3</u>

（電気陰性度 O＞C＞H）

実は，酸化数とはこのような考え方で算出するものである。酸化数は，その原子
が引き付けている電子の数の多少を表している。ある原子が酸化や還元をされれば，
その原子が引き付けている電子の数が変わって，酸化数が変化するのである。した
がって，酸化数の減少，増加量は，それぞれその原子1個が受け取った，放出した
電子の数に一致する。

問3 電子を含むイオン反応式より，ビタミンCは e^- を放出している（＝右辺に e^- がある）ので還元剤としてはたらいている。酸化剤としてはたらく（＝左辺に e^- がある）酸素 O_2 の電子を含むイオン反応式と足し合わせ，全体の反応式にすると，

$$\{\ C_6H_8O_6 \longrightarrow C_6H_6O_6 + 2H^+ + \underline{2e^-}\} \times 2$$
$$+)\ \underline{O_2 + 4H^+ + \underline{4e^-} \longrightarrow 2H_2O}$$
$$2C_6H_8O_6 + O_2 \longrightarrow 2C_6H_6O_6 + 2H_2O$$

上式より，ビタミンC（$C_6H_8O_6$）と酸素（O_2）は，2：1の物質量比で反応することがわかる。たとえばビタミンCが 0.2 mol 反応したときは，O_2 が 0.1 mol 反応するので，最も適当なグラフは，横軸 0.2，縦軸 0.1 を通る ④ **答**

この問題のねらい

　電気陰性度，分子の構造，酸化数，そして酸化還元反応の量的関係までもを扱った総合問題。異なる単元どうしの知識をつないで思考できるかどうかを試している。共通テストでは，このような出題形式が増すだろう。

　とはいえ，問3はリード文とは関係ない出題であり，問1は分子構造と酸化数の知識だけで解ける。リード文を読解しなければ解けない設問は問2のみである。結局は，見かけに圧倒されることなく，設問ごとにきちんと思考できるかどうかが問われている。

52　問1　④　　問2　④　　問3　②　　問4　③

解説 ▶　問1　約 3 mol/L の HCl を含む溶液を x 倍に希釈する（＝水を加えて x 倍の体積にする）と，**モル濃度は $\frac{1}{x}$ 倍になる**。その希釈溶液 10 mL が，約 0.1 mol/L の NaOH 水溶液約 15 mL と反応すればよいのだから，**31** の POINT で扱った中和滴定の計算公式より，

$$
\begin{array}{ccc}
\text{HCl が出す H}^+ \text{〔mol〕} & = & \text{NaOH が出す OH}^- \text{〔mol〕} \\
\text{HCl 〔mol/L〕} \times \text{〔L〕} \times 価数 & = & \text{NaOH 〔mol/L〕} \times \text{〔L〕} \times 価数 \\
\vdots \qquad \vdots \qquad \vdots & & \vdots \qquad\qquad \vdots \qquad \vdots
\end{array}
$$

$$
3 \times \frac{1}{x} \times \frac{10}{1000} \times 1 = 0.1 \times \frac{15}{1000} \times 1
$$

希釈前　希釈後　　〔L〕〔価〕　　NaOH　　　〔L〕〔価〕
HCl〔mol/L〕　　　　　　　　　　〔mol/L〕

これを解くと，$x=20$

よって，20 倍に希釈すればよい。

問2　①　HCl 水溶液をはかり取るホールピペットが水でぬれていると，溶液が薄まるため，一定体積をはかり取っても中身の溶質 HCl の量は減ってしまう。反応する NaOH の量も減るから，滴下量も減る。不適当。

②　コニカルビーカーが水でぬれていても，中に入れる溶質 HCl の量に変わりはないので，NaOH 水溶液の滴下量は変わらない。不適当。

③　指示薬を加え過ぎると，通常よりも変色域が広がってしまい，変色のタイミングが早くなる。滴下量も減るので不適当。

④　ビュレットの先端部分の空気が出る間もビュレット上部の液面は下がり続けるので，空気の体積分だけ滴下量が大きく測定されてしまう。適当である。

問3　「% ⟷ mol/L」の濃度換算である。**26** の POINT の要領で数値を整理すると以下のとおり。

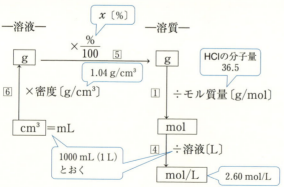

$$1000 \times 1.04 \times \underset{\boxed{6}}{} \times \underset{\boxed{5}}{\frac{x}{100}} \times \underset{\boxed{1}}{\frac{1}{36.5}} \times \underset{\boxed{4}}{\frac{1}{1}} = 2.60$$

$$x = 9.12 \,〔\%〕$$

よって，最も適当な値は② 答

問4 (1)の反応では，イオンが組み替わっているだけで，酸化数が変化している原子はない。

$$Na^+\,\boxed{ClO^-} + H^+\,\boxed{Cl^-} \longrightarrow Na^+\,\boxed{Cl^-} + H^+\,\boxed{ClO^-}$$

酸化還元反応ではなく，強酸の HCl から，弱酸のイオン ClO^- に H^+ が渡される**弱酸遊離反応**である。よって，当てはまる【類似性】は a 。

【反応】について，各反応式を示すと以下のとおり。

あ $2H_2\underline{O_2} \longrightarrow 2H_2\underline{O} + \underline{O_2}$
酸化数 -1 　　　　 -2 　 0

⇨酸化数が変化する**酸化還元反応**

い $2CH_3COONa + H_2SO_4$
　　弱酸の塩　　　　強酸

　　　　$\longrightarrow 2CH_3COOH + Na_2SO_4$
　　　　　　　弱酸　　　　　強酸の塩

⇨イオンが組み替わる**弱酸遊離反応**

う $\underline{Zn} + \underline{H_2}SO_4 \longrightarrow \underline{Zn}SO_4 + \underline{H_2}$
酸化数 0 　 $+1$ 　　　　 $+2$ 　　 0

⇨酸化数が変化する**酸化還元反応**

あとうは酸化還元反応であるのに対し，いは弱酸遊離反応である。

以上のことから，最も適当な組合せは③ 答

この問題のねらい

　中和滴定，濃度の計算，弱酸遊離反応を組合せた総合問題であり，酸化還元の知識も必要となる。長いリード文を，高校化学基礎の知識を使って正確に読み取る力を試した上で，中和滴定を中心とする計算，実験，反応の知識を用いた思考を要求している。このように，共通テストでは，教科書の内容を新しい事象に適用できるかどうかを試す出題がなされると予想される。

53 問1 ③ 問2 ② 問3 ① 問4 ⑥ 問5 ① 問6 ⑤

解説 ▶ 身近な酸化還元滴定の例として，COD（化学的酸素要求量）というものがある。井戸水の水質検査などでも行われる。COD は，水の中に溶けている有機化合物を，過マンガン酸カリウム KMnO₄ で滴定するものである。

問1 ここでは十分な量の希硫酸を加えているため，MnO_4^- は**酸性条件**での反応を行い，自らは Mn^{2+} まで**還元される**。これに当てはまる反応式は③ 答

　なお，酸性水溶液中での反応式を書くときは，OH^- ではなく H^+ を使って書く。よって④は誤り。

　参考までに，MnO_4^- の中性または塩基性条件における反応式は②である。塩基性条件のときは，H^+ ではなく OH^- を使って書く。これらの反応式のつくり方は，**40** の問2の解説を参照すること。

問2 **実験1**では，十分な量の過マンガン酸カリウム KMnO₄ を用いて，試料中の有機化合物を完全に酸化している。ただし，有機化合物の量が異常に多かった場合は，むしろ KMnO₄ のほうが先になくなってしまい，有機化合物を完全に酸化できなくなってしまう。$KMnO_4$（MnO_4^-）は赤紫色を示すので，沸騰後に溶液がまだなお赤紫色を示していれば，KMnO₄ が残っているから**有機化合物のほうが完全に反応したと確認できる**。以上のことから，最も適当な選択肢は② 答

問3 過マンガン酸イオン MnO_4^- の水溶液の色は赤紫色だが，酸化剤としてはたらいた後は，ほぼ無色の Mn^{2+} に変化する。ビュレットに入れた MnO_4^- の水溶液を滴下したとき，コニカルビーカーの水溶液に還元剤が存在すれば，MnO_4^- は Mn^{2+} に変化するため水溶液は無色になる。しかし，**反応が終了して還元剤がなくなると**，新たに加えた MnO_4^- は反応せずに残るため，**コニカルビーカー内の水溶液は赤紫色を帯びだす**。したがって，反応が終了した点での色の変化は「無色から赤紫色」となる。なお，この色の変化は「加えた溶液の赤紫色が消えてなくなる」と表現されることもある。

問4 この実験の操作は複雑なので，以下に酸化剤，還元剤の量を棒グラフにしてまとめる。

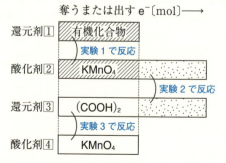

酸化剤②と還元剤③とは，過不足なく反応する分を加えている。②と③のみで「係数比＝物質量の比」の計算を行えば良いのである。

電子を含むイオン反応式より，MnO_4^- は 5 倍の物質量の e^- を奪い（＝ 5 価の酸化剤），$(COOH)_2$ は 2 倍の物質量の e^- を放出（＝ 2 価の還元剤）するので，

酸化剤②が奪う e^-〔mol〕　＝還元剤③が放出する e^-〔mol〕

酸化剤〔mol/L〕× 〔L〕×**価数**＝**還元剤**〔mol/L〕×〔L〕×**価数**

$$2C \quad \times \frac{20.0}{1000} \times 5 = 5C \quad \times \frac{V}{1000} \times 2$$

$V=\mathbf{20.0}$〔**mL**〕🈓

別 解 ▶ 反応式をつくると，

$$\{MnO_4^- + 8H^+ + \underline{5e^-} \longrightarrow Mn^{2+} + 4H_2O \ \}{\times}2$$
$$+)\ \{ (COOH)_2 \longrightarrow 2CO_2 + 2H^+ + \underline{2e^-}\}{\times}5$$
$$\overline{2MnO_4^- + 5(COOH)_2 + 6H^+ \longrightarrow 2Mn^{2+} + 10CO_2 + 8H_2O}$$

（酸化剤②）：（還元剤③）

$$=2C\text{〔mol/L〕}\times\frac{20.0}{1000}\text{〔L〕}:5C\text{〔mol/L〕}\times\frac{V}{1000}\text{〔L〕}=2:5$$

——————物質量の比——————　　　係数比

$V=\mathbf{20.0}$〔**mL**〕🈓

問5 問4の棒グラフで示した②と③が過不足なく反応する量なので，①**（有機化合物）** と④**（最後に加えた KMnO₄）** も，**過不足なく反応する量関係にある**。したがって，有機化合物と反応する KMnO₄ の量は，

$$2C\text{〔mol/L〕}\times\frac{W}{1000}\text{〔L〕}=\frac{CW}{500}\text{〔mol〕}$$

KMnO₄ ではなく O₂ で有機化合物を酸化したとすれば，KMnO₄ の $\frac{5}{4}$ 倍の物質量の O₂ を要するのだから，反応する O₂ の物質量は，

$$\frac{CW}{500}\times\frac{5}{4}=\frac{CW}{400}\text{〔mol〕}$$

これは，試料水「100 mL」と反応する量である。指定どおり「**1.0 L（1000 mL）**」あたりの反応量に換算すると，

$$\frac{CW}{400}\times\frac{1000}{100}=\mathbf{0.025}\mathbf{\mathit{CW}}\text{〔mol〕}🈓$$

問6 問4で示した棒グラフなどでわかるように，酸化剤②，還元剤③は COD 算出には無関係である。しかし，これを加えずに直接ビュレットから 1 滴ずつ酸化剤④を加えると，1 滴だけ加えた④の濃度が非常に小さくなってしまうのと，加熱が行われていないことから，**一般に還元剤③よりも還元性が弱い有機化合物①と反応しにくくなってしまう**。以上のことから，最も適当な選択肢は⑤ 🈓

この問題のねらい

　共通テストの化学基礎では，国公立二次・私大入試の化学で頻出の題材を取り上げ，かみ砕いて出題されることも予想される。そこで本問では，国公立二次・私大では頻出であり，環境問題に関係する題材として，COD を取り上げた。実験の意味が理解できているかどうかを問うための設問とともに，COD を算出していく計算過程を扱った。問5では，試料水1L あたりに換算するのを忘れやすいので注意してほしい。なお，本当の COD の値は，問5で求めた O_2 の物質量〔mol〕を，さらに O_2 の質量〔mg〕に換算して示す。

54 問1 ⑥ 問2 ④ 問3 ⑧ 問4 a：②　b：②

解説 ▶ **問1** イオン化傾向の大きな物質のほうがイオンになっていくので，Mの
ほうが大きいのであれば，

$M^{2+} + H_2 \longleftarrow M + 2H^+$

のように左向きに反応が進行する。このとき，MとM^{2+}からなる半電池では，

$M^{2+} + 2e^- \longleftarrow M$

のように電子を放出してイオンになる反応が進行し，水素標準電極では，

$H_2 \longleftarrow 2H^+ + 2e^-$

のように，イオンが電子を受け取る反応が起こる。したがって，電子 e^- は M，M^{2+}
の半電池から，水素標準電極へと流れる。聞かれているのは電流の向きである。電
子と逆向きなので，水素標準電極から M，M^{2+} の半電池へと流れる。

　電池では，電子は負極から正極へ（電流は正極から負極へ）導線を伝って流れる。
したがって，電子を放出する金属 M が負極，水素標準電極側が正極となる。

　もし，イオン化傾向の大小関係が逆になった場合は，正極と負極の関係や反応の
進行方向が逆になる。仮に，イオン化傾向が M＜H$_2$ だった場合，上記の反応はすべ
て右方向へ進行し，M 側が正極になる。

問2 リード文に，「電位が大きな半電池を構成する金属は……イオン化傾向が小さ
い」という記述がある。したがって，イオン化傾向の大きなものから順番に並べた
いのであれば，標準電極電位の小さい順に並べればよいから，イオン化傾向は，

$M_C > M_B > M_A$

となる。

　酸化剤とは，電子 e^- を奪う物質である。リード文に，「電位とは半電池が電子を
奪う力」との記述があるので，**B のほうが標準電極電位大になる組合せであれば，B
の側が酸化剤としてはたらく**。よって，接続相手はCとわかる。このとき，電位の
大きなBのほうが電子 e^- を受け取る正極側となる。

問3 リード文に，「起電力は，両半電池の標準電極電位の差」という記述があるので，
表の数値より，

$0.35 - (-0.75) = 1.10 \, [V]$

　溶解するのは，よりイオン化傾向が大きい（＝標準電極電位が小さい）C である。

問4　イオン化傾向が H_2 以上の金属の単体は，希硫酸などのうすい酸に，水素 H_2 を発生しながら溶ける。実験 1 で溶けた M_1 は，亜鉛 Zn か鉄 Fe かのどちらかである。溶けなかった M_2 は銀 Ag に決まる。また，気体 G_1 は水素 H_2 である。

　一方，濃硝酸は酸化力が強く，イオン化傾向が H_2 より小さい銅 Cu，水銀 Hg，銀 Ag をも溶かすことができる。ただし，鉄 Fe やアルミニウム Al は不動態を形成するため，濃硝酸には溶けない。したがって，溶けなかった M_3 が鉄 Fe である。消去法により，M_1 は亜鉛 Zn に決まる。また，Ag が濃硝酸に溶けるときは以下の反応が起こり，二酸化窒素 NO_2 が発生する。

　$Ag + 2HNO_3 \longrightarrow AgNO_3 + NO_2 + H_2O$

よって，G_2 は二酸化窒素。

　以上のことから，最も適当な組合せは，**a：②，b：②** 答

この問題のねらい

　共通テストでは，リード文で教科書にない新しい事象を導入し，それを理解できたかどうかを後の設問で問う形式の出題が行われると予想される。本問は，イオン化傾向を決める数値である標準電極電位を導入し，電池，金属の単体の性質までを問う総合問題となっている。もっとも本問のリード文は，高校化学基礎の知識があれば読解でき，特別な知識を要求しているわけではない。教科書の内容を用いて思考すれば解が導けるはずである。